茶与文化

中国俗文化丛书

丛书主编 高占祥

胡艺珊 著

山东教育出版社

图书在版编目(CIP)数据

茶与文化/胡艺珊著. —济南：山东教育出版社，2016
（中国俗文化丛书/高占祥主编）
ISBN 978－7－5328－9312－6

Ⅰ.①茶… Ⅱ.①胡… Ⅲ.①茶叶—文化—中国
Ⅳ.①TS971

中国版本图书馆 CIP 数据核字(2016)第 052146 号

中国俗文化丛书 　　高占祥　主　编
茶与文化 　　　　胡艺珊　著

出 版 人：刘东杰
出版发行：山东教育出版社
　　　　　（济南市纬一路 321 号　邮编：250001）
电　　话：(0531)82092664　传真：(0531)82092625
网　　址：www.sjs.com.cn
发 行 者：山东教育出版社
印　　刷：山东临沂新华印刷物流集团有限责任公司
版　　次：2017 年 2 月第 1 版第 1 次印刷
规　　格：787mm×1092mm　32 开本
印　　张：6.625 印张
印　　数：1—3000
插　　页：8 插页
字　　数：100 千字
书　　号：ISBN 978－7－5328－9312－6
定　　价：17.00 元

（如印装质量有问题，请与印刷厂联系调换）
印厂电话：0539－2925659

图1　宋　妇女烹茶画像砖

图2　唐　周昉　《调琴啜茗图卷》

图3　明　唐寅　《事茗图》

图4　元　赵孟頫　《斗茶图》

图5　明　丁云鹏　《玉川煮茶图》

图6　明　文征明　《惠山茶会图》

图7 陆羽亭与文学泉

图8 径山寺遗迹

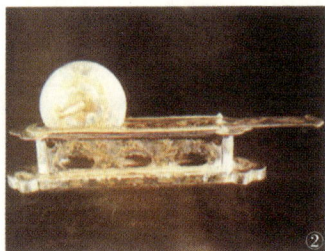

图9 古代茶器①②

图10 牡丹绣球

图11 礼品茶拼盒

图12　龙须茶

图13　绿牡丹

图14　西湖龙井

图15　福建银针

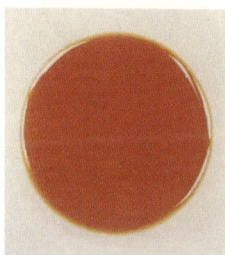
图16　乌龙茶类"铁观音"汤

图17　白茶类"白毫银针"汤

图18　红茶类"云南红茶"
　　　汤（滇红）

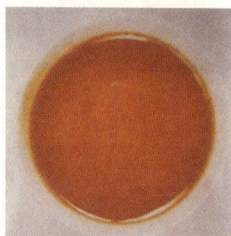
图19　花茶类"茉莉花茶"汤

图20　大花生壶

图21　寿星壶

图22　心经壶

图23　提梁壶

图24　竹根壶

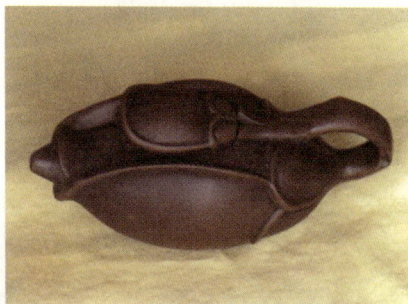

图25　玉兰花形壶

图26　土纹壶

图27　船形壶

图28　曼生壶

图29　古钱币壶

①

②

图30　梅花壶①②

①

图31
茶壶精品集萃
（①—⑥）

②

③

④

⑤

⑥

图32
傣族茶具

图33
拉祜族茶具

图34
上海湖心亭茶室

中国俗文化丛书

主　　编：高占祥
执行主编：于占德
副 主 编：于培杰
　　　　　叶　涛
　　　　　刘德增

序

　　在中华民族光辉而悠久的历史传统文化中，俗文化占有十分重要的地位。它不仅是雅文化不可缺少的伴侣，而且具有自身独立的社会价值。它在中华民族的发展历程中，与雅文化一起描绘着中华民族的形象，铸造着中华民族的灵魂。而在其表现形态上，俗文化则更显露出新鲜、明朗、生动、活跃的气质。它像一面镜子，折射出一个民族、一个地区的风土人情和生活百态。从这个角度看，进一步挖掘、整理和发扬俗文化是文化建设的一项战略任务。

　　俗文化，俗而不厌，雅美而宜人。不论是具体可感的器物，还是抽象的礼俗，读者都可以从中看出，千百年来，我们的祖先是在怎样的匠心独运中创造出如此灿烂的文化。我们好像触到了他们纯正的品格，听到了他们润物的声情，看到了他们精湛的技艺。他们那巧夺天工的种种创造，对今人是一种启迪；他们那健康而奇妙的审美追求，对后人是一种熏陶。我们不但可从这辉煌的民族文化中窥见自己的过去，而且可以从中展望美好的明天。

俗文化，无处不在，丰富而多彩。中华民族，历史悠久，地大物博，人口众多，在长期的生活积淀中，许多行为，众多器物，约定俗成，精益求精。追根溯源，形成系列，构成体系，展示出丰厚的文化氛围。如饮食、礼俗、游艺、婚丧、服饰、教育、艺术、房舍、变迁、风情、驯化、意趣、收藏、养生、烹饪、交往、生育、家谱、陵墓、家具、陈设、食具、石艺、玉器、印玺、鱼艺、鸟艺、鸣虫、镜子、扇子等等，都是俗文化涉及的范围。诚然，在诸多领域里，雅俗难辨，常常是你中有我，我中有你，彼此交叉，共融一体；有的则是先俗而后雅。

俗文化，古而不老，历久而弥新。它在人们的身边，在人们的生活中，无时无刻不影响人们的思想、观念和情趣。总结俗文化，剔除其糟粕，吸收其精华，对发扬民族精神，增强民族自信心，提高和丰富人民生活，都具有不可忽视的意义。世界文化是由五彩斑斓的民族文化汇成的，从这个意义上讲，愈是民族的，就愈是世界的。因此，我们总结自己的民俗文化，正是沟通世界文化的桥梁。这是发展的要求，时代的召唤。

这便是我们编纂出版这套《中国俗文化丛书》的宗旨。

目
录

序……1

前言……1

一、源远流长的茶史……3

（一）寻根究本探起源……3

（二）饮茶、制茶的历史与发展……13

二、形形色色的中国名茶……20

（一）茶的分类与命名……20

（二）基本茶类划分……21

（三）现代名茶举隅……28

三、饮茶习俗大观……45

（一）好客与敬茶……45

（二）不同民族不同地区的饮茶习俗……50

（三）与茶有关的习俗……63

（四）题外话，世界饮茶习俗拾锦……66

四、品茶的艺术与方式……75

（一）优雅宜人的品茗环境……75

（二）古往今来的品茶形式……79

（三）实用与审美兼备的饮茶器皿——茶具……93

（四）饮茶用水与讲究冲泡……108

五、茶文化集锦……114

（一）茶与佛教……114

（二）茶与文学艺术……119

（三）美丽动人的茶的传说……176

后记……201

前　言

　　中国是茶的故乡。从神农发现茶的药物作用到今天茶成为全球性的饮品，这期间，饮茶经历了一个漫长的发展演变过程。勤劳而智慧的中国茶农在长期的种茶制茶过程中，积累了丰富的经验，培育出数百种茶叶的名贵品种。正像我们常说的那样："开门七件事，柴米油盐酱醋茶"，如今，茶已成为我国人民日常生活中不可缺少的饮品。同时，茶作为中国带给世界的一份最好的礼物，受到世界各国人民的喜爱。它与可可、咖啡一起，构成了当今世界的三大饮料。

　　在长期的种茶、制茶、饮茶过程中，茶形成了自己悠久的历史、独特的文化和丰富多彩的礼仪及民俗景观，它和人们的精神生活紧密相关。唐代之后的著名诗人词人几乎都有茶诗茶词问世，像李白、杜甫、白居易、卢全、刘禹锡、苏轼、欧阳修、黄庭坚等；我国古典小说如《红楼梦》、《水浒传》、《金瓶梅》、《儒林外史》、《老残游记》等作品，都有描写茶的内容；茶与佛教的联系密不可分；另外，茶与礼仪、茶与美术、茶歌、茶舞、茶联、茶的传说等，都是丰富多彩的茶文化中重要的组成部分。

本书就茶的历史、茶的品种类别、饮茶的礼仪与风俗、品茶的方式和艺术、茶与文化等几个方面作了较为系统的介绍，目的是使读者了解有关茶的基本知识，提高品茶的艺术水平，增进对茶习俗、茶文化的了解，在饮茶的同时，获得精神的愉悦和享受。

因为资料与专业知识方面的不足，加上作者水平所限，书中难免有不妥与错误之处，敬请专家及读者指正。

在本书的写作过程中，参考并引用了国内一些有关茶的图书与图片资料，在此表示谢忱。

一、源远流长的茶史

（一）寻根究本探起源

1. 最早的茶树

茶起源于何时？当我们谈到这个问题的时候，应该沿着历史的漫漫长河往上走，追究一下茶树的起源。根据植物学的分类方法，茶树属于被子植物、双子叶植物、山茶科、山茶属，其起源距今大约有 6000 万年到 7000 万年的历史。在这一漫长的历史演变进化过程中，经过长时期的地理变化，受复杂多变的地质环境、生态环境与自然环境的影响，茶树不断繁衍变化。最初的茶树是野生大茶树。后来，当茶的药用价值、食用价值、饮用价值被人类逐渐发现后，这些野生大茶树经过多少代茶农的精心培育、人工驯化与人工杂交，在人工培养与自然生长的结合作用下，成为人类今天丰富的茶树资源。

2. 中国是茶的故乡

中国是茶的故乡，茶树的原产地在中国，这一点已为世界茶学界所公认。大量的历史资料和近现代研究资料证明，茶树的原产地在中国的西南地区，具体地说是在中国的西南三省——云南、贵州、四川。这里气候温热，一年四季雨量充足，温暖而潮湿的地理环境特别适合于茶树的生长。在目前世界上已经发现的280种山茶科植物中，我国就有260余种，仅西南三省就有100余种。大量山茶科植物在西南三省的集中发现，证明了我国是茶的原产地。

另外，从已经发现的野生大茶树情况来看，我国是野生大茶树发现最早最多的国家。早在人类懂得人工栽培茶树采制茶叶之前，在自然界中生长着一种野生大茶树，它们是在长期的自然演化过程中繁衍生长起来的一种茶树。这种茶树在我国的西南三省发现最多而且最早，堪称世界之最。这成为我国后来茶树的丰富的资源。这从另一个方面证明了中国是茶的发源地，中国是茶的故乡。

3. 神农的传说与人类最早的饮茶

关于饮茶的起源，在我国历来流传着关于神农的传说：

"神农尝百草，日遇七十二毒，得茶而解之。"相传在距今4000多年前的神农时代，人们知识不足，生产力低下，农业与医学水平都很低。我们的祖先为了自身的生存就必须和自然、饥饿、疾病做斗争。在江南，长期流传着关于神农和茶的故事。相传神农这个人很奇特，他有一个水晶一样透明的肚子，无论吃下什么东西，他都能透过自己的水晶肚看得清清楚楚。那时候，人们正处于生活的原始状态，无论鱼肉瓜果都是活吞生吃，闹病是可想而知的。传说中的神农为了帮助人类，就利用自己的水晶肚尝遍百草，看看各种食物吃了之后会在自己的肚子里发生什么变化。他长年累月地跋山涉水，有一天，当神农看到一种绿叶白花的树时，就吃了这种树的叶子。说也奇怪，当他吃下叶子之后，发现自己的肠胃里起了奇妙的变化。这些叶子不仅在自己的肠胃里上下流动，把已经吃过的食物洗涤得干干净净，而且吃后口中生香，感觉甘甜鲜美。这种叶子的解毒作用的发现，使得神农欣喜异常。以后，每当他在尝百草遇毒时，就用这种绿叶解毒。因为这种绿叶能够像一位医生一样在神农的肚子里检查洗涤，神农就称这种绿叶为"查"，后来人们将"查"改写为"茶"。不幸的是，当神农有一天尝试着吃一种黄色的花草时，刚刚吃下去，肚子里就疼痛难忍，如同刀割，没有来得及吃茶叶，肠子就一节节地断开了。后来人们称这种草为断肠草。在民间还流传着这样的说法："神农尝草千千万，可治不了断肠伤"。

当然，神农尝百草的故事只是一个传说。但是，透过这个传说，我们可以看出，我们人类的祖先在原始蒙昧的阶段，为了自身的生存，是怎样和饥饿与疾病做斗争的。神农这个人物的出现，正是当时人类尝百草以抵御饥饿与疾病的表现。正像我们把火的发明归功于"钻木取火，以化腥臊"的燧人氏、把房屋的发明归功于"构木为巢，以避群害"的有巢氏一样，人们是把神农这一传说中的人物作为农业和医学的发明者、作为一个偶像来崇拜的。从这些传说当中我们一方面可以看出我们人类的祖先生活的艰难情况，以及农业、医学最初的发展情形；另一方面，我们从中可以知道，人类最初发现茶、饮用茶，是利用了茶的药用价值，把茶作为灭菌解毒的药来饮用的。后来，随着对茶认识的发展，对于茶的利用就从药用逐渐变为食用和饮用了。

4. 中国古代的"茶"字

饮茶的历史虽然非常久远，但是我国茶字的出现却是在唐朝的时候。在唐以前的古代历史资料中，对于茶的提法名称很多，不下 10 余种，如槚（jiǎ）、茗、荈（chuǎn）、蔎（shè）茶等。陆羽《茶经》"一之源"章这样写道："茶者南方之嘉禾也……其名一曰茶、二曰槚，三曰蔎，四曰茗，五曰荈。"对于今天的读者来讲，茗之于茶，可能是最文雅的叫法。一说到品茗，就知是品茶。但在古代，说到茶，用得最普遍的还是"荼"字。《尔雅》是我国最早的一部字书，成书于秦汉之间，其中有"槚，古荼"的记载。东晋时代郭璞所注的《尔雅注》中，指出这指的是普通的茶树，其中有这样的记载："树小如栀子，冬生叶，可煮作羹饮，今呼早采者为荼，晚取者为茗"。其实，"荼"字最早出现是在我国第一部诗歌总集《诗经》中，如"谁谓荼苦，其甘如荠"，"采荼薪樗，食我农夫"。只是对于《诗经》中的"荼"字，至今仍解释不一。有的将它看作茶，有的看作是苦菜。最早对荼字表示明确茶字意义的应该还是《尔雅》。其后，荼字在我国的字书、典籍、碑刻中多有出现，到了唐人陆羽作《茶经》时，荼字被减去一划，成为现在的茶字。陆羽这种减去一划将茶字固定下来的做法，可以说是茶字形成过程中的一大贡献。

从此之后，茶字的字形、字音、字义就固定下来，并且一直沿用到今天，成为我们今天所拼读、所理解的没有歧义、没有歧音的"茶"字。

5. 世界上第一部关于茶的书——《茶经》

饮茶在我国有着古老而悠久的历史，从神农尝百草到后来的食茶、饮茶，历经几千年的时间。但是，在这样一段漫长的饮茶过程中，一直没有一本系统完整地介绍茶的书。唐以前的典籍资料中，偶有关于茶的记载，但都是一鳞半爪，偶有提及。真正系统完整并且比较科学地介绍茶的，是我国唐代人陆羽所作的《茶经》。《茶经》是我国也是世界上第一部茶学专著，约成书于公元758年左右。

陆羽（733—804）唐朝人，在我国历史上被称为"茶圣"。据《新唐书》记载，陆羽是个弃婴，所谓"不知所生"。关于他的身世有这样一个说法：陆羽诞生于湖北省的竟陵（今湖北天门），当地有一个寺院名叫龙盖寺。有一天，当寺院中的智积禅师清晨散步时，忽然听见一阵大雁的叫声，循声寻去，见有几只大雁正用自己的羽翼护卫着一个幼小的婴儿，禅师遂将婴儿抱回寺中抚养。并用《易经》卜卦，为这个婴儿起名叫陆羽。

据史料记载，小时候的陆羽曾经在龙盖寺里当过一段时间的小和尚，因为他对佛学不感兴趣，不愿皈依佛门，所以在这里干了许多杂务。但是陆羽很好学,在洒扫寺院与放牛之余,常常跑到附近的书塾去听先生讲书。十岁左右时,陆羽逃出寺院,跟着一个戏班子到处演戏,在戏里演些小丑一类的角色,学演木偶戏,表演魔术杂技,并且写一点剧本,显示出他的多才多艺。

陆羽在青年时代就对茶学发生了浓厚的兴趣。他为了广泛地调查茶叶生产制作情况,曾经多次进行实地考察,走遍江南茶区,从湖北到江西,从江苏到浙江,观看并参与茶叶的采摘和制作。经过他的不懈努力,完成了著名的茶学著作《茶经》。在此期间,陆羽遍历名山名水,与当时的一些诗人文人多有接触,而且因为他本人非凡的才华,诗文与茶学并重,在朝野内外都享有极高的声誉。当时的德宗皇帝十分赏识陆羽,多次赐官于他,但他一直未就。陆羽一生既没做过官,也没结过婚,一生过得闲淡自在。公元 804 年,陆羽 72 岁时,病逝于湖州。

《茶经》是陆羽用一生精力与心血写成的一部书,它系统地介绍了茶的起源、茶的历史、茶的生产经验、烹饮过程以及饮茶用具等等,是唐以前有关茶史茶事的辑录与总结,也是我们今天研究茶科学、茶文化的一部重要文献。

《茶经》内容上分为三卷十章。

上卷一共三章，"一之源"章，主要介绍了茶的起源、茶树的形态及栽培、茶的名字与音义、茶叶的品质、形态及特点作用等等。

《茶经》一开篇就这样写道，茶者，南方之嘉木也，说明茶的原产地在南方，并且在巴山蜀水之间。关于茶树的高度，有一尺二尺高的灌木型，有数十尺高的乔木型，在四川有须两人才能合抱的大茶树，因为太高太大，采摘时需先把枝条砍下来。接着讲到了茶叶的形状、花的色彩样子等，所谓"叶如栀子，花如白蔷薇……"这些都说明陆羽对茶作了详尽实地的考察。

关于茶的字形，陆羽认为"其字或从草或从木或草木并"，并说明其出处分别是《尔雅》、《本草》和《开元文字音义》。

谈到茶树的栽培方法、生态环境及茶叶的品质，陆羽的许多观点与我们今人的看法相同。如关于茶叶的品质为"笋者上，牙者次"，即像嫩笋一样未展开的好，开展成芽叶样的就差一些。茶叶的生长环境，以阳崖阴林为好，这符合我们今天所认为的茶叶的生态环境要求温暖潮湿的特点。另外，对茶的药理特性及保健作用也作了介绍。

"二之具"章，介绍有关采茶的工具、加工蒸青团饼茶的工具，包括名称、规格大小及使用方法等。

"三之造"章，介绍古代团饼茶的蒸青制作方法。古代采茶主要是在农历 2—4 月间，当茶叶嫩梢长到 4、5 寸时，选择晴朗的天气采摘，经过一系列工序，团饼茶才能制成。陆羽根据饼茶制成后的外形与色泽情况将饼茶分成了八个等级。

中卷只有一章，即"四之器"章，详细介绍了煮茶与饮茶的器皿。古代人的饮茶十分讲究，不像我们今天将茶放在或茶壶或瓷杯或玻璃杯里一冲即可，而是有一套很考究的器皿及讲究的烹饮过程。唐代以前的饮茶主要是在上流社会士大夫阶层，他们物质丰裕，生活闲逸，交往者多是文人雅士，所谓"谈笑有鸿儒，往来无白丁"，生活的情致是可想而知的，饮茶也不例外。像专门烧水用的风炉，状如古鼎，鼎上三足、三窗、三格，画有八卦五行字样及鸟兽鱼图案，从中可以看出唐代茶文化的高度发达。

《茶经》的下卷内容最多，共六章。

"五之煮"章，介绍团饼茶的烹煮方法。

对于煮茶的燃料、火候、沸度、水质都做了详尽形象的说明。如煮茶用的燃料，最好是用木炭，其次是桑树、槐树、桐树等硬杂木，切忌用有腥臊、油脂等异味的木柴等，更不可用废弃的旧家具作木料，以免让茶染上异气，破坏茶的清香鲜醇。煮茶用的水，最好是山中的泉水，其次是江水。煮茶时水的沸度也很讲究，不可太老。这些都说明陆羽对于饮茶的研究可谓匠心独具、精致到家了。

"六之饮"章，介绍茶的起源、历史、茶的传播等，并说明饮茶的方法。

在《茶经》中，陆羽把神农列为饮茶第一人，可以说是饮茶的老祖宗，这样就把茶的起源追溯到了公元前几千年前的神农时代，闻名于公元前11世纪，再至春秋、汉代、三国、魏晋南北朝直至唐朝，饮茶之风逐渐兴起。

此章还介绍了茶的种类及品饮方法。

"七之事"章，根据历史的演变过程、朝代的更替，把唐代以前的有关茶事作了详细介绍，包括有关茶的人物、茶的文献、茶的传说掌故、诗文故事等都有系统记叙，对于今天研究茶史茶事的人来讲是一本极好的资料性文献。

"八之出"章，介绍了唐代几个主要的产茶区。

"九之略"章，是讲那些茶具茶器可以省略。古人无论采茶还是制茶的过程都比较烦琐，工具多，煮茶饮茶形式考究。但不是每次饮茶都要一一做到，在某些不同的条件和环境中，就可以有所变通，省略某些程序和工具。

"十之图"章，是对茶经内容的图解。因为《茶经》涉及的内容很多，包括茶的起源、历史、传说掌故、茶诗茶文、产茶地区、饮茶方式、制茶过程、茶器茶具等，内容繁杂，如果将这些内容扼要简明地画在几幅白纸上，挂在墙上，便可以一目了然，一望皆知。

从以上内容可以看出，《茶经》不愧是我国而且也是世界上最早最全面地介绍茶的书。它是作者一生实地考察、研究并精心创作的结晶。因为它对茶介绍的科学性、系统性、完整性，使之成为后人研究茶历史、茶科学、茶文化的宝贵资料。

（二）饮茶、制茶的历史与发展

1. 饮茶的演变与历史

从神农尝百草，日遇七十二毒，得茶而解的故事中，我们知道了人类最初利用茶是因为茶叶的药用价值。这时的用茶处于生吃药用阶段，即咀嚼茶树的鲜叶，茶叶有不同凡响的解毒作用。这个时期大约在距今 4700 多年前。

因为人类受到季节、交通工具、地域等多方面的限制，不能随时随地地采摘茶叶，而且新鲜的茶叶不易贮藏，于是就将茶叶在阳光下晒干，这是最原始的茶叶加工方法。因为这样晒干的茶叶不易下咽，渐渐地人们就将茶煮熟来吃。

关于茶的药用吃法，至今在我国的湖南、贵州、广东、广西一带仍然沿用下来。这里吃的一种茶叫"三生茶"，用生茶、生米、生姜三种原料制成，这种茶有清热解毒、理脾和胃的作用。相传在三国时，张飞率兵于此，因天值酷暑，军中瘟疫流行。一位老人久仰张飞大名，又见其军队纪律严明，与百姓秋毫无犯，于是，向张飞献上三生茶秘方。此茶果然是功效非凡，将士们吃了这种三生茶后，瘟疫全消。这种茶的吃法因此而在当地流传至今。

茶的药用价值发现后，从生吃药用到后来的饮用还经历了一个过程。饮茶从何时开始，因为文字记载的局限，至今仍有争议。清朝学者顾炎武在其《日知录》中提到："自秦人取蜀而后，始有茗饮之事"，说明饮茶是秦吞并巴蜀以后的事情。这从另一角度说明了巴蜀地区是我国饮茶的发源地。

那么，在秦取巴蜀之前，饮茶又是怎样的呢？从现存资料来看，最早关于茶的记载应首推《尔雅》。《尔雅》是我国秦汉时代的一部字书，相传为周公所作。其中"释木篇"与"释草篇"中都出现了"荼"这个字，它们分别指木本的茶树和草木的苦菜。那时，茶与苦菜不分，都称之为"荼"。

晋代有一本书为《华阳国志》，写的是古代巴蜀地区的历史、地理、风俗等，其中谈到周武王伐纣时，巴蜀等地小国所进贡品中就有茶叶一项，这说明在周朝初期已将茶叶作为珍贵的物品来看待，同时也可以推想在西周之前，人们已开始用茶。

在现存的文献中，西汉人王褒有一部买卖奴隶的契约《僮约》流传下来。王褒是四川的一名书生，为参加"策问"（即考试）住在亡友的妻子家。这家有一家僮便了，王褒常唤他去为自己打酒，便了很不情愿。为了报复便了，王褒便将他买了来，并定下契约加以限制。其中有"武阳买茶"、"烹茶尽具"的记载。武阳是四川的一个地方。"武阳买茶"说明当时已有了茶叶市场和买卖；"烹茶尽具"说明饮茶已十分讲究，茶要煮熟了才能喝。

《三国志·吴志》中有这样一段记载：吴王孙皓继位后，常常举行家宴，因为韦曜不善饮酒，孙皓对他很客气，让他以茶代酒。当时的吴国几乎拥有东南部的半壁江山。这个记载说明饮茶已遍及孙吴所拥有的广大区域。

到了魏晋南北朝时期，茶从以前的只有上层人物所能拥有的贵重物品，渐渐变成为普通人所享用的饮品。《广陵耆老传》中提到："晋元帝建武元年（公元 317 年）有老姥每日独提一器茗，往市鬻之，市人竞买。"这说明饮茶已经发展到煮好后在市场上零售，为普通人所饮用。另据其他史书中的资料来看，这时的茶已经逐渐演变为普通饮料。

另外，随着饮茶之风的兴盛，茶逐渐被当作礼待宾客、祭祀神灵的礼仪性物品。《晋中兴书》中有关于吴兴太守陆纳崇尚俭朴、以茶待客的记载。《南齐书》中记载了齐武帝一道诏谕，提倡祭祀先祖不得以牲畜为祭，只设饼果、茶酒、干饭而已。这些举措无疑是对饮茶风俗的一个推动。

南北朝时期，佛教盛行。饮茶有助于和尚坐禅修行，一些名山大川的寺院开始种植茶叶。我国现有的许多茶叶名品中，很多是出自寺院种植的茶树。佛教与茶的关系，促进了茶业的兴盛与茶文化的发展。同时，士大夫阶层的人物逃避现实，崇尚清谈，常常在一起或品茗或吟诗，饮茶几乎在南方达到比屋皆饮的程度。

经历了隋朝隋文帝的嗜茶，及唐朝时，由于茶圣陆羽及其《茶经》的出现，因为文人们的提倡，南方北方均盛行饮茶，各地城镇出现了许多茶肆，就连西北地区的少数民族也开始饮茶。茶成为人们日常生活中必不可少的饮料。

唐代时，在南方的产茶区已有了茶市，像白居易《琵琶行》中"商人重利轻别离，前月浮梁买茶去"的诗句，其中的浮梁就是当时的著名的茶叶集散地。到了宋代，北方各地也出现了茶市，茶坊也随处可见，《水浒传》中提到的王婆就是开茶坊的。唐宋年间，茶开始向域外传播，日本的禅师就是在这个时期来中国学习佛经并学会了茶叶种植技术，将茶籽带回日本播种的。

元、明、清时代，茶叶生产在我国更加繁荣。明代郑和七次下西洋，扩大了对外贸易，茶叶出口更为增加。荷兰商船的到来，使茶叶成为最时髦的饮料，并影响到英国。清朝时，荷兰、法国、德国、英国、丹麦等茶叶消费逐渐增加，美国、俄国、非洲的一些国家也开始饮茶。至 19 世纪，茶作为中国人民带给世界人民的一份最好的礼物几乎遍及全球。

2. 制茶的发展演变过程

我们的祖先在发现茶的药用作用后，就开始利用茶叶。

但茶叶成熟有季节性，采摘受地域限制，且新鲜的茶叶不易保存，久而久之，容易腐烂发霉。到了三国时代，就将采来的新鲜茶叶用米膏制成饼，经过烘烤和晾晒，成为可以长期保存的干饼。饮用时，将干饼碾成细末，再煮作羹饮。将新鲜的茶叶制成饼茶，可以说是制茶工艺的开端。到了唐代时，这种制作工艺逐渐改进完善。到陆羽作《茶经》时，他根据饼茶的外形色泽，将饼茶分为八等，可见当时的饼茶制作已十分讲究。这时，除饼茶外，还有粗茶、散茶、末茶等。后三者是在饼茶加工过程中筛选分离出来的，大部分的散茶都是名茶。散茶是一种蒸青后不捣碎、不拍饼、用烘干的办法制成的散叶茶，在唐宋时已很多见。另外，这时的蒸青、炒青技术也已成熟。关于饼茶、粗茶、散茶、末茶等，在陆羽的《茶经》中都已经提到，不过当时以饼茶最为珍贵。

唐代之后，制茶技术不断发展改进，唐宋年间，随着宫廷需要的增大，进奉贡茶已成为一种风尚。贡茶的兴起，为茶的制作提供了更好的条件。宋代的制茶方法与唐代基本相似。宋代的茶类中，片茶、散茶已十分丰富。片茶实际就是唐代的饼茶，不过因为宋代制茶技术更为先进，制成的饼茶小巧玲珑，饼面图文并茂，尤其是贡茶的饼面，呈龙凤图样，观之栩栩如生。这种茶称之为龙凤茶，被宋徽宗称许为"龙凤团饼，名冠天下"。当时，还出现了一种小龙团，这种小龙团可以说是龙凤茶中的精品。当时一斤重的小龙团，可值黄金二两。然而正像当时的文学大家欧阳修所说，黄金易有，但茶不可多得，可见这种小龙团茶的可贵。

唐代和宋代都以制作团饼茶为主，但是发展到后来，团饼茶的制作呈过分精细的趋向，宋代之后，散茶代替饼茶，在茶叶制作中占了主要地位。到了明代，茶农逐渐意识到团饼茶耗时费力，而且浸水榨汁后有损茶叶的色泽香味，因此，改蒸青团茶为蒸青散茶。这一举动特别受到明太祖朱元璋的赏识，一道朝廷诏令，使蒸青散茶代替蒸青团茶大为盛行起来。杀青技术由蒸汽改为烘青、炒青。同时，绿茶、黄茶、黑茶、白茶、红茶这些基本茶类已经出现。到了清代，乌龙茶的出现，与以上五大茶类一起，构成我们今天所饮用的六大基本茶类。

二、形形色色的中国名茶

我国幅员辽阔，土地广袤，在这片有着960万平方公里的国土上，在名山大川之间，有着广大辽阔的产茶区。悠久的产茶历史，丰富的茶树资源，长期的茶树种植，使我国拥有着丰富的茶叶种类，仅举其名贵品种就有百种之多。

（一）茶的分类与命名

在我国，茶叶的分类与命名历来有不同的标准与角度。当我们走进茶店和茶庄时，常常被不同形状不同色彩的茶所吸引，也往往惊叹茶叶五花八门的名称。有的根据茶的形状命名，如"六安瓜片"，因为其形状如同我们平时吃的瓜子；"杭州雀舌"，其样子类似小山雀可爱的雀舌；产自浙江的玲珑小巧的"珠茶"，其外形如同一枚枚精致的珍珠；状如针状的"松针"茶、"君山银针"，如同利剑一样的"剑毫"，如同龙虾一样的"龙虾茶"，如同竹叶一样的"竹叶茶"，以及像兰花、菊花、牡丹一样缤纷的"翠兰"、"墨菊"、"绿牡丹"等等，这些茶的名字都是根据茶的外形，取其形神兼备的特征为其命名的。

有的茶叶根据产茶的不同地区、结合产茶区名胜山川的特点为之命名，如"西湖龙井"、"庐山云雾"、"黄山毛峰"、"井冈翠绿"等。

至于我们平常所说的绿茶、红茶、黄茶等等，则是根据茶叶的制作方法和茶叶冲泡成汤后的色泽命名的。另外，根据茶叶色泽与外形特点命名的如"银毫"、"银芽"、"雪芽"、"雪莲"等，有根据茶叶香气滋味命名的如"苦茶"、"兰花茶"等等，不一而足。

（二）基本茶类划分

茶叶分类标准不同，难以统一。但在目前的茶学界，对于茶类的划分采取了一种综合的办法，将中国茶分为两大类，即基本茶类和再加工茶类。

1. 基本茶类：包括绿茶、红茶、乌龙茶、白茶、黄茶、黑茶六大种类。

绿茶 绿茶是我国茶叶产量最高、历史最悠久的一种基本茶类。绿茶在制作的过程中，采用了高温杀青的方法，因而保持了茶叶原先的自然本色，故称之为绿茶。冲泡后的绿茶芽叶舒展，汤清叶绿，滋味鲜爽，因而很受人们的喜爱。尤其是在我国南方大部分地区，长年气候温和，夏季气温炎热，清新爽口的绿茶，特别受到南方人的欢迎。

在绿茶制作中，因为杀青的方式不同，分为炒青、烘青、晒青、蒸青四种。

炒青又分为长炒青、扁炒青、圆炒青。

长炒青顾名思义是长条形的青绿茶，经过细致的加工后，其形状又紧秀如眉，又被称作眉茶。长炒青茶主要产于我国的浙江、安徽、江西、湖南、湖北、江苏等省。经过炒制加工后的长炒青即眉茶分为特珍、珍眉、凤眉、秀眉、针眉、贡熙、片茶等花色品种，是我国主要且珍贵的出口绿茶。

圆炒青即我们平时所说的珠茶，因其外形紧结浑圆而得名。主要产于我国的浙江省渚县，是绿茶茶类中非常珍贵的一个品种。

扁炒青又指细嫩炒青，是指采摘茶树上新鲜细嫩的芽叶加工而成的炒青绿茶。这种茶，要求芽叶十分鲜嫩，因而产量极少，品质上乘，又被称为特种炒青。其中包括产于苏杭两地的碧螺春、西湖龙井、南京的雨花茶、安徽的六安瓜片、河南的信阳毛尖等，是绿茶中的极品。

烘青，顾名思义是将茶叶烘干加工制成的意思。烘青茶色泽绿润，茶味醇正，茶区分布面广，在我国西南东南地区均有生产。

晒青，即通过日光的照晒代替加工过程中的炒烘杀青，这种茶有独特的日晒味，香味浓醇，饮茶时容易让人产生联想，如同沐浴着阳光一样，给人快感。

蒸青，蒸青绿茶在我国古代就已经出现，是制茶工艺演变过程中最早出现的一种茶。其工艺是通过蒸汽将新鲜茶叶蒸软，然后干燥而成。这种制茶方法在唐代就非常盛行。现在世界上应用蒸青技术制作蒸青绿茶的主要是日本，这肯定与我国制茶技术的传播有关。

红茶 红茶是在绿茶的基础上经过特殊的加工而制作出来的一种茶，因其汤色红艳，叶片呈红色而得名。其制作过程是将新鲜的茶叶经过萎凋、揉捻、发酵、干燥。在发酵的过程中，茶叶的成分发生了内部的生物化学变化，氧化之后产生了不能溶解于水的红色茶素，冲泡后叶片汤汁都呈现红色。

红茶最早产于我国南方的福建一带，后传至南方诸省，是当今世界上产量最多、行销国家和地区最广的一种茶，很受西方人的欢迎。

红茶按制作方法不同，分为工夫红茶、小种红茶与红碎茶三类。

小种红茶在我国最早出现于福建一带，因在制作过程中是用松木明火熏制，因而这种茶有一种独特的松烟香味。

工夫红茶由小种红茶发展演变而来，因加工工艺精细而得名。这是我国传统的出口茶类，行销于欧洲各国，主要产于安徽、云南、福建、湖南、湖北、江西、四川等省区，其中以安徽祁门的"祁红"、云南的"滇红"最为出名。

红碎茶是将新鲜茶叶经过萎凋揉捻后，用机器切碎，然后经发酵烘干而制成，因外形细碎而得名。红碎茶的出现比较晚，大约在上个世纪末，在工夫红茶制作工艺基础上产生。

乌龙茶 是介乎于绿茶和红茶之间，采用绿茶杀青方式和红茶发酵技术制成的半发酵茶。乌龙茶的味道具有红茶绿茶两种特色，既有红茶浓郁醇美的风味，又有绿茶清新鲜爽的芬芳。典型的优质乌龙茶冲泡后，叶片上红绿相衬，中间绿色，边缘红色，素有"绿叶红镶边"的美誉。

乌龙茶是由宋代贡茶龙团、凤饼演变而来。它主要生产于福建、广东、台湾等地，尤其是福建的乌龙茶产量最多，素有闽南乌龙、闽北乌龙之分。闽北乌龙中有大红袍、铁罗汉、白鸡冠、龙须茶等十多个名贵品种。闽南作为乌龙茶的发源地，品质最好的是安溪生产的铁观音、黄金桂，在国际市场尤其是日本及东南亚各国享有极高声誉。另外，在乌龙茶中又有广东乌龙、台湾乌龙，它们与闽南、闽北乌龙一起组成乌龙茶四大类。

白茶 属轻微发酵茶，其工艺是经过室内或室外自然的萎凋、慢慢晒干或慢火烘烤后制作而成。加工制作成的成品白茶芽叶上有一层白茸茸的茸毛，冲泡后既不像绿茶的青翠，又不似红茶的红艳，更不像乌龙茶的黄褐，而是色泽十分浅淡，因而得名白茶。

白茶主要产于福建的政和、松溪及台湾省。制作白茶，对于茶树的品种、采摘及加工制作都十分的讲究。尤其是在采摘时，因为白茶的芽叶上要求有一层密布的白茸毛，因此要十分精心，不能碰触叶子表面，不然鲜嫩的芽叶就会出现红斑，冲泡后会变成赤红色。因其特殊精细的制作过程形成了白茶与众不同的茶叶品格，汤色晶黄，气味芬芳，清香宜人。

白茶因采摘时间不同、叶芽细嫩程度不同分为白芽茶、白叶茶两类。白芽茶是只采肥壮鲜嫩的芽头制成，因其鲜嫩、产量稀少而分外珍贵。著名的白芽茶有白毫银针。白叶茶是采摘一芽二叶或一芽二、三片叶加工制成，著名的有白牡丹、贡眉、寿眉等品种。

黄茶　黄茶的特点是叶黄汤黄。这是由于在加工时，在揉捻或烘干时闷堆渥黄的结果。黄茶也因采摘时间不同或芽叶嫩熟程度不同，按其精细粗疏依次分为黄芽茶、黄小茶、黄大茶。黄芽茶主要有"君山银针"、"蒙顶黄芽"等；黄小茶有"平阳黄汤"、"北港毛尖"等；黄大茶主要包括"霍山黄大茶"、"广东大叶青"等。它们主要产于我国的湖南、四川、安徽、湖北、广东一带地区。

黑茶　是用比较粗老的毛茶原料，在加工过程中经过杀青、揉捻、渥堆、干燥等工艺制作而成。因原料粗老、加工时堆积发酵时间长，因而色泽上呈黑油色或黑褐色，故称之为黑茶。黑茶的成品茶色泽油黑，香味醇厚浓郁，并带有特殊的陈香味。这种茶因其独特浓厚的风格，特别受到边远地区少数民族如藏族、蒙古族、维吾尔族等少数民族同胞的喜爱。在少数民族中，有"宁可一日无食，不可一日无茶"的说法。

黑茶主要产于湖南、湖北、四川、云南、广西一带。因制作方法的不同，分为老青毛茶和黑毛茶。主要被制作成砖形，同时又有圆茶和饼茶。黑茶中的名贵品种普洱茶和六堡茶又因其独特的陈香味远销港澳地区及日本东南亚各国。

2. 再加工茶类

以上提到的绿、红、白、黄、黑茶及乌龙茶都属于茶叶中的基本茶类。如果以这些基本茶类作原料进行再加工，制作而成的茶就被称为再加工茶类。再加工茶类主要包括花茶、紧压茶、果味茶及茶饮料等。在这里我们主要谈谈花茶。

花茶是用普通茶叶和某一种香花窨制拼合而成。因为茶叶在窨制的过程中，吸收了花的香味，花引茶香，相得益彰。因此，这种茶既有茶本身的爽口清香，又兼有某种花的芬芳，因而备受人们欢迎。

对于生活在北方的人来讲，花茶大概是最普通最常用的饮料。如果说南方人以喝绿茶、乌龙茶为主，而北方人则以喝花茶居多。但花茶的产地仍然是在南方，如福建、江苏、浙江、安徽、四川、湖南、广东、广西、台湾等地区。

花茶制作的历史，可以追溯到宋代。当时进贡宫廷的茶饼中，加入了龙脑之类的香料用以增加茶叶的香气，与现在的花引茶香相似，可以说是花茶制作的雏形。到了明代，花茶制作工艺已日臻完善，出现了诸如茉莉、栀子、梅花、兰蕙、玫瑰等多种花茶。到清朝时，在南方制作的花茶已远销京津一带，很受北方饮者的欢迎。

花茶因窨制时采用的鲜花不同而分为茉莉、珠兰、柚子、玉兰、玳玳等花茶，其中以茉莉花茶为主，次为玉兰、珠兰等。花茶的命名一般都以窨制的香花取名，如茉莉花茶等。

（三）现代名茶举隅

1. 香远宜清的绿茶名品

绿茶作为最基本的茶类，产区广，产量多，举其品种不下几百种，这里只举其品贵品种：

西湖龙井　产于浙江杭州西子湖畔的西湖龙井，是绿茶种类中首屈一指的品贵名种。

传统的西湖龙井有狮峰、龙井、王云山、虎跑泉四个产地，称之为"狮、龙、云、虎"，其中以龙井风味声誉最佳。龙井茶生产历史悠久，早在唐代陆羽作《茶经》时就有记载。宋代时曾将这一带所产的茶列为贡茶。清朝乾隆皇帝下江南时，曾亲临西湖，并在西湖边的胡公庙里品尝过龙井茶。饮后，赞不绝口，遂将胡公庙前的十八棵龙井茶树封为御茶。因此龙井茶茶名大振，盛誉久久不衰。

西子湖畔的群山之间，气候温润，风调雨顺，云蒸霞蔚，非常适合茶树的生长。龙井茶的采摘时间及采制技术都十分讲究，要求采摘时间早，芽叶嫩，采制勤。尤其是清明前采的"明前茶"、谷雨前采的"雨前茶"十分名贵，有"雨前是上品，明前是珍品"之说。龙井茶的芽叶非常讲究，只有一个芽叶的称为"莲心"，一芽一叶的叫"旗枪"，一芽二叶的为"雀舌"。龙井茶一般一年采摘30余次，制作工艺也十分考究。冲泡后的龙井茶色泽新鲜碧绿，芽叶分明，一旗一枪簇立杯中，观之栩栩如生。

碧螺春　产于江苏太湖边的洞庭碧螺春，是我国名茶种类中的珍品。江苏吴县（今苏州吴中区和相城区）太湖边的洞庭山，分为东西两山。这里土质肥沃，气候温润，雨量充沛，是适宜于茶树生长的良好环境。碧螺春茶区别于其他茶的种植特点是茶树与果树间种，即茶树和桃、杏、李、梅、柿、石榴等果树交错种植。茶树发芽长叶时，充分吸收了其他果木的香气，茶吸果香，陶冶出茶树天然的花果香味。而且长时期的茶果间种，使茶树果树枝丫相连、根脉相通，能够有效地吸收果树的维生素，对人体非常有益。

碧螺春的采摘也十分讲究早、嫩、勤、净。一般是春分前开采，谷雨时结束，尤以清明前采的明前茶为最珍贵。通常采刚刚初绽的一芽一叶，称为一旗一枪，其形状如同雀舌。最上好的碧螺春，每500克约需6万至7万个嫩芽，可见茶叶之幼嫩。冲泡后的碧螺春其色由清淡至翠绿再至碧清，其味由幽香至芬芳再至馥郁，鲜雅、味醇、回甘，令人回味无穷。

六安瓜片　是绿茶中的一个名贵品种，主要产于安徽省六安市，此茶由许多单片茶制成，不带茎梗，不含芽头，其形状酷似瓜子片，故名六安瓜片。

六安瓜片的问世大约在1905年，距今近百年时间。其产地安徽的六安、金寨等地，土质肥沃，林木茂密，群山连绵，适宜茶树生长。六安瓜片根据采摘时节不同，嫩熟程度不同，分为三个品种：谷雨前采摘的称"提片"，质量属最上乘；其稍后采摘的大宗叶片称"瓜片"，质量略次。最次的是进入梅雨时节采摘的比较粗老的叶子，称为"梅片"。六安瓜片因为在采摘、炒制过程中比较其他茶叶有独特之处，在我国名茶中独树一帜。

黄山毛峰　在我国的名山胜地中，位于我国东部的黄山向以山势险峻、气象万千而独具盛名。明代著名的旅行家徐霞客在游黄山之后曾发出这样的感慨："五岳归来不看山，黄山归来不看岳"。名山秀水，地杰物华，良好的生态环境孕育了优质的绿茶名品，产于安徽黄山的毛峰茶，细嫩匀齐，叶片表面身披银毫，故名毛峰。黄山毛峰是毛峰茶中的极品，是我国十大名茶之一。

黄山产茶历史悠久，在明代就很著名，清代时已有史料记载。其前身为黄山云雾，清朝末年改名为黄山毛峰。

黄山毛峰分特级与一、二、三级。特级毛峰为其中的精品，开采于清明前后。采摘时芽叶鲜嫩，形同雀舌，峰毫显露，大小匀称。冲泡后汤色清澈，香味高雅醇厚。其中绿中带黄的"金黄片"与"象牙色"的毛峰茶，是特级毛峰区别于一般毛峰的两大特征。

顾渚紫笋　顾渚紫笋产于浙江省长兴县的顾渚山，其芽叶鲜嫩、形同笋尖，色泽上有紫绿之分。唐代陆羽作《茶经》

时，认为"紫者上，绿者次；笋者上，芽者次"，后按《茶经》之意，取名"紫笋"。是我国著名的上品贡茶。

顾渚紫笋早在 1200 年前就已十分著名，唐代时宫廷需求量大，被列入宫廷贡茶中的重要品类，紫笋采制加工工艺十分讲究。唐朝时选用幼鲜的芽茶，加工成饼茶作为贡品；宋代改为大小龙团茶，明朝时又改为散芽叶。但无论什么形式的茶，都要求质量上乘，工艺精良。根据其采摘时的鲜嫩程度，顾渚紫笋依次被分为"紫笋"、"旗芽"、"雀舌"三个等次。70 年代末，被列为浙江省一类名茶。

庐山云雾 说到庐山，令人想起苏东坡"横看成岭侧成峰，远近高低各不同"的诗句。位于江西境内的庐山，山势巍然，云雾缭绕。产于庐山的名茶庐山云雾，早在宋代就被列为宫廷贡品。

庐山种植茶的历史还可以追溯到汉朝，佛教的传入我国，使庐山这个地方僧侣云集，东晋时庐山已成为佛教中心之一。据史料记载，当时的名僧慧远就曾在这里一面讲佛，一面种植茶叶。唐朝时庐山茶已很著名，宋朝时已在一些诗人的诗中对庐山茶有了表述，至明代时，庐山云雾有了确定的名称。

庐山茶得益于庐山优越的生态环境，含有丰富的蛋白质、氨基酸等营养成分。冲泡后芳香馥郁，味美醇厚，汤色绿而鲜明，观之饮之，令人回味无穷。

南京雨花茶 说到南京，容易让人联想到这里的雨花台，想起那些晶莹圆润、令人把玩不已的雨花石。雨花石、雨花茶均因产于雨花台而得名。

雨花茶原产于南京中山陵及雨花台风景区，中山陵特殊的地理位置及雨花台风景区怡人的环境造就出雨花茶独特的风格品质。雨花茶的历史比较短，创制于1958年，多次被列为省及全国名茶。雨花茶的外形特点是形似松针，条索浑圆、紧直，呈墨绿色，香味浓郁高雅，很受品饮者的欢迎。

信阳毛尖 我国大部分的茶类都产于南方诸省，信阳毛尖作为少有的北方茶品而显得十分珍贵。它产于我国河南省信阳市的西部山区，距今已有2000多年的历史。为我国十大名茶之一。

信阳毛尖又称"豫毛峰"，其产区主要分布于信阳西部的群山之间，这里山势险峻，层峦叠嶂，溪水流云，遍布山间。肥沃的土地环境适合茶树生长，为信阳毛尖的生产提供了优良的天然条件。

信阳毛尖的外形紧细，多白毫，内质清香，饮后唇齿生香，令人回味。

另外，在绿茶的名优品种中还有产自安徽太平县的太平猴魁、四川峨眉山的峨蕊、湖南岳阳君山的君山银针、浙江天台山华顶峰的华顶云雾、浙江景宁县的惠明茶、产于四川巩崃山脉的蒙顶茶、广西桂平的桂平西山茶、安徽歙县的"老竹大方"、四川的峨眉竹叶青等等，绿茶中仅名贵品种就不下130余种，可谓名茶荟萃，不胜枚举。

2. 馥郁鲜艳的红茶名品

前面我们已经提到，红茶分为工夫红茶、小种红茶、红碎茶三个类别，其中又以工夫红茶最能反映我国红茶的特色，也是我国传统的出口茶类。

工夫红茶种类很多，因产地不同而命名，有滇红工夫、祁门工夫、川红工夫、闽红工夫、宁红工夫、台湾工夫、湖红工夫等，这里只举其主要的几种：

祁门工夫 是我国传统工夫红茶中的珍品，产于安徽的祁门县及附近等地区，距今有百余年的历史。

祁门工夫的前身为祁门绿茶，光绪年间，仿照闽红茶的制法试制红茶成功。因为祁门地方自然环境好，茶叶品质佳，制茶工艺不断改进，祁红工夫茶名日盛，与当时著名的"闽红"、"宁红"齐名。祁门工夫茶外形条索苗秀，色泽独特，呈乌黑泛灰色，有"宝光"之称。冲泡后汤色红艳，兰香蜜香，滋味醇厚，余味隽永，被国外人士称之为"祁门香"。有"王子茶"、"茶中英豪"、"群芳最"之雅称，尤其受到英国人的喜欢，被作为馈赠亲友、显示高贵的珍品看待。

滇红工夫　是产于我国云南省的一种大叶种类型的工夫茶，以其外形肥硕、香味浓郁且金毫显露的风格品质而独具魅力。

云南作为世界上最古老的茶的故乡，滇红工夫茶的生产却相对晚一些，距今只有几十年的历史。其首批生产时间是1938年，然一经出口销售，即刻在英国伦敦出名，被英女王视为珍品。50年代后，红茶在云南大批生产，其中滇红工夫茶约占了五分之一。

云南的主要茶区被科学家认为是"生物优生地带"，这里山峦起伏，雨量长年丰沛，尤其是土地的腐殖质丰富，使红茶生产条件得天独厚。与绿茶的紧细鲜嫩不同，滇红工夫茶肥硕健壮，色泽油乌润亮，金毫显露。冲泡后香气鲜醇，味道浓郁，是很受欢迎的工夫茶。

宁红工夫　产于江西修水等县的宁红工夫茶，是我国生产最早的工夫茶之一，大约起自清朝道光年间，因修水及武宁等县古属义宁州，所以所产红茶被称为宁州红茶，简称宁红。

宁红茶的主要产区在江西的西北边缘，这里有两大山脉绵延其间，地势险峻，雨量充足，土质肥沃，造成宁红茶根深叶茂、芽叶肥硕的自然品质。宁红工夫茶色泽红润，外形紧结圆直，冲泡后汤色红亮，香味高扬。宁红工夫茶的精品属"宁红金毫"。

宁红茶中有一种十分特殊的束茶，因茶叶酷似龙须而得名龙须茶。它是采用特殊的工艺制成。先选用鲜嫩肥壮的蕻子茶，多为一芽一叶或一芽二叶，萎凋后理齐扎把，用文火慢慢烘干，再用五彩线环绕，扎好后如红缨枪头，五彩缤纷，十分好看。冲泡时抽掉五彩线，但扎把白线不拆，整个龙须茶便如菊花一样在碗底绽开，茶色红艳，茶花缤纷，具有很强的观赏价值。有"杯底菊花掌上枪"之称。

另外，工夫红茶中又有产于湖北的宜红工夫、产于四川的川红工夫、产于湖南的湖红工夫、浙江的越红工夫、福建的闽红工夫等。其中闽红工夫又分为政和工夫、坦洋工夫及白琳工夫，种类繁多，名品荟萃，这里不一一列举。

3. 滋味浓醇的乌龙茶名品

乌龙茶属于半发酵茶，兼具绿茶与红茶的工艺与品质特点，其名贵品种有：

武夷岩茶　是我国传统的乌龙名茶，产于我国福建省的武夷山一带。这里风光秀丽，岩峰耸立，四季云雾缭绕，适合茶树生长，因为茶树多生长于岩石之中，岩岩产茶，无岩不茶，因此，人们将这里出产的茶称为"武夷岩茶"。

武夷岩茶历史比较悠久，早在唐代就负有盛名，宋朝时被列为贡茶，清朝时，因武夷岩茶兼具绿茶红茶的特色，茶质温和，开始远销海外并遐迩闻名。从唐代开始，武夷岩茶在文人诗人的笔下多有出现，宋朝大文学家范仲淹有这样的诗句："溪边奇茗冠天下，武夷仙人自古栽"，说明武夷岩茶已驰名天下并有悠久历史。

武夷岩茶条形匀称，色泽呈绿褐色。冲泡后香气浓郁，有兰花之幽香，令人回味。武夷岩茶的品饮比之其他茶讲究，茶具小巧，易于把玩、品味。

武夷四大名丛　武夷岩茶独到的选育技术培植出武夷四大名丛，在武夷岩茶诸类名品珍品中，冠压群芳。它们是大红袍、铁罗汉、白鸡冠和水金龟。

大红袍茶被誉为乌龙茶中的"茶中之圣"，即使在四大名丛中也享有极大的声誉。关于大红袍，有许多扑朔迷离的传说。它产于武夷群山中的天心岩，终年受到泉水的浸润，得天独厚的地理条件使大红袍品质不凡。大红袍与其他名丛不同的特色是，可以冲至第九次而不脱其原茶真味桂花香，足见茶质之醇厚。

铁罗汉：为四大名丛中最早的名丛。

白鸡冠、水金龟均产于武夷群山中，与大红袍、铁罗汉并列四大名丛。

铁观音亦为乌龙茶中的珍品，产于福建省安溪县，向以质优味醇而享誉遐迩。

铁观音别名红心观音、红样观音，产于安溪县的丘陵低山地带。铁观音原是茶树品种名，由于它适宜制乌龙茶，所以成品的乌龙茶以铁观音命名。安溪的铁观音一年可采春、夏、暑、秋四次，以春茶最优。成品茶呈弯曲条状，壮结沉实。冲泡后香气持久，滋味甘中带蜜，余香缭绕，令人回味。

另外，乌龙茶中的名贵品种还有凤凰水仙、永春佛手、台湾乌龙、黄金桂等。

4. 清淡素雅的白茶名品

白茶属于轻微发酵茶，其名贵种类有：

银针白毫　产地为福建省政和、福鼎两县，清朝嘉庆年间创制，距今约 200 年历史。银针白毫又名银针，又名白毫。其茶原料鲜嫩，芽头肥硕，因外形挺直如针状，叶芽遍布白毫而得其名。冲泡后香气清芬，汤色浅黄，十分雅致。

白牡丹 白牡丹为福建茶中之特产，以政和大白茶和福鼎大白茶为主要原料，产于 1922 年。白牡丹以茶形如花朵，周围有绿叶衬托，观之如蓓蕾初缤而得其名。

5. 鲜爽回甘的黄茶名品

君山银针 君山银针为黄茶中的精品，产于湖南岳阳的君山。关于君山，有许多美丽的传说，名山名茶，相得益彰，诗人墨客，对此多有吟诵。如李白的"淡扫明湖开玉镜，丹青画出是君山"，清代万年谆的"试把雀泉烹雀舌，烹来长似君山色"。名山名诗名茶，使君山银针别具风味。

蒙地黄芽 产于四川省的蒙山，历史悠久。自唐宋以来就闻名天下。为我国有名的贡茶之一。

另霍山黄芽、北港毛尖、鹿苑毛尖、广东大叶青都属黄茶中的名品。

6. 香味醇厚的黑茶名品

在我国湖南、湖北、四川、云南、广西等地区，黑茶是仅次于红茶、绿茶产量的一种茶，生产历史悠久，早在宋代就有记载。黑茶中的名贵品种有湖南黑茶，产于明朝嘉靖年间，原产于安化，现在产区扩大到桃江、沅江、宁乡、益阳等地。湖南黑茶分四个等级，高档茶叶细嫩，低档茶质粗老。主要销往新疆、青海、甘肃、宁夏等地。

六堡散茶　因产于广西苍梧县六堡乡而得名，距今有200余年的生产历史。六堡散茶的特点是条索整齐长紧，色泽黑润，茶汤浓郁醇厚。六堡散茶有散茶与篓装紧压茶两种。陈年六堡茶可以用来治疗痢疾、解毒、除瘴等。

普洱茶　产于云南普洱县的普洱茶远近闻名。它是由优良云南大叶种为原料加工而成。普洱散茶外形肥大粗壮，色泽乌润，滋味醇厚。普洱茶被认为是有保健功能的茶，具有降血脂、减肥、暖胃、助消化、止渴生津等特点。在国外有美容茶、益寿茶、减肥茶等美称。

黑茶中的名贵品种还有老青茶、四川边茶两种，它们分别产于湖北及四川两地，也很受消费者的欢迎。

7. 紧压茶中的名品

紧压茶古已有之，如唐时的蒸青团饼茶、宋代的龙凤团饼。但现代紧压茶与古代紧压茶制法不同。古代紧压茶是将新鲜茶叶经蒸青、磨碎、压模成形再烘干后制成，其原料是茶树鲜叶。现代紧压茶是用已制成的绿、红、黑茶的毛茶为原料，经再加工而制成。紧压茶属再加工茶类，目前我国紧压茶名品有沱茶、普洱方茶、竹筒茶等十多个品种。

沱茶 从外形看像圆面包，中间下凹，别具特色。关于此名由来，或认为其销地是四川沱江一带；或认为是由团茶转化而来。其生产历史久，早在明代就有记载。主要产于云南一带，四川重庆也有生产。

沱茶种类一般以原料分，以绿茶中较细嫩的晒青绿毛茶经蒸压而制成的，称云南沱茶；黑茶沱茶以普洱茶为原料制成，称云南普洱沱茶。这两种沱茶都是珍品。前者香气馥郁、汤色明亮；后者滋味醇厚，色泽褐红，汤色红浓明亮，其独特的陈香味令人回味。

普洱方茶 与云南沱茶一样同属绿茶紧压茶，以晒青绿茶"滇青"为原料蒸压加工而成。但它比云南沱茶所用原料品质低，一般是用3级以下或级外滇青为原料。之所以称为方茶是因为蒸压成方块形。外形平整，规格整齐。

竹筒香茶 又被称为"姑娘茶"，拉祜族称为"瓦结那"，是云南特有的紧压茶，因茶味有竹筒香而得名。传说，此茶的创始人是当地一位茶农，他无意中将茶叶放在香料堆旁，饮茶时发现茶叶吸收了香料味。于是，他利用茶叶吸收异味的特点，将当地的竹香、糯米香、茶香融为一体，成为竹筒茶。

竹筒茶制法是将茶叶鲜叶与糯米饭同蒸，吸收米香后再装入竹筒慢慢烤干。因此，竹筒香茶集三香于一体，滋味鲜美独特，外形呈圆柱状。此茶还有易于贮藏保存的特点。

另外，紧压茶中的名品还有云南产的圆茶即七子饼茶、广西苍梧县的六堡茶、湖北产的以红茶为原料的米砖茶、湖南的黑砖茶、花砖茶、茯砖茶、湘尖茶、四川的康砖与金尖、方包茶等品种。

8. 千姿百态、异香纷呈的花茶名品

茉莉花茶　这是花茶中产量最多的一种。茉莉花外形洁白高贵，香气清幽淡雅而不腻人，茉莉花茶以烘青绿茶为主要原料，香气持久、滋味鲜爽、汤色黄绿明亮。

用绿茶中的精品龙井、大方、毛峰等窨制而成的花茶称为花龙井、花大方、茉莉毛峰，是花茶中的特种名品。

用名茶代表性花色作茶坯，用品质上等的茉莉窨制而成的花茶名品还有：

茉莉大白毫　用福鼎大白茶嫩芽制坯，用双瓣和单瓣茉莉交叉窨制，精工制成。

天山银毫　用天山上等烘青绿茶与优质茉莉制成。香气鲜醇，汤色透明嫩绿。

珠兰花茶　珠兰花茶的香花有珠兰与米兰两种，它们外形相同，但香型各异，许多人将两者混为一起。米兰外形类似珍珠，人们又称为珍珠兰，简化为珠兰，其花香似蕙兰，清香幽雅。珠兰淡雅芳香。珠兰花茶以米兰、珠兰为香花原料，用高级绿茶窨制而成。著名的有珠兰黄山芽，这是珠兰茶中的珍品，锋苗挺直秀美，外形紧细，冲泡后珠兰花在水中娉娉袅袅，如同花帘。这种茶，兼具兰花的芳香与绿茶的鲜爽，一杯在手，唇齿生香，香气宜人，实在是一种精神享受。

珠兰花具有香气持久的特点，易于贮藏而不失花香，高级的珠兰花茶在密封几个月后，香气更加沁人心脾，美不胜收。

玫瑰花茶　玫瑰花花气甜美，品种繁多，玫瑰、蔷薇、香水月季等都属于蔷薇科蔷薇属，花香浓郁，是窨制花茶的上好香料。

桂花茶　桂花有金桂、银桂、丹桂、四季桂等品种，香味浓厚高雅而持久。主要桂花茶有桂花烘青、桂花乌龙、桂花红碎茶等，分别用绿茶、乌龙茶及红茶窨制而成。

除以上几个品种外，花茶中的名品还有金银花茶、白兰花茶、玫瑰花茶等重要品种。

这样的一些茶叶名品精品，组成了一个香气宜人、缤纷绚丽的茶叶世界，丰富着人们的生活，陶冶着人们的性情，为人们的物质生活和精神生活增添了光彩。

三、饮茶习俗大观

从神农时代咀嚼鲜叶以为药用，到放入陶罐中加水煮作羹饮以为食用，再到将茶作为普通的饮料饮用，饮茶走过了一段漫长的历史过程。饮茶之于人类，从普通的物质需求逐渐演变为物质与精神的美好享受。如今，茶作为举国之饮，已经进入人们的日常生活，并由此衍生出与饮茶相关的风俗习尚。这些风俗，体现出中国人民的精神风貌与生活情趣，沉淀着源远流长的文化历史，汇聚着一个时代、一个地区、一个民族的风情，成为中国传统文化的重要组成部分。

（一）好客与敬茶

客来敬茶是饮茶中最重要的礼仪形式，最能体现出各族人的饮茶习俗。中国是个文明古国、礼仪之邦，又是儒家文化孔孟的故乡。长期受传统文化熏陶的中国人很重视邻里之间、朋友之间的交往，好客与敬茶也许是中国人最朴素、最本色的表达情感、表示礼貌的方式。

客来敬茶作为一种礼仪古已有之。从西汉到三国尤其是魏晋南北朝时期，饮茶之风日盛，以茶待客、以茶助兴，已经成为社交上的待客方式。唐朝时，品茶已成为人们风雅的文化生活之一。

关于古代的好客与敬茶，历代的文人墨客多有吟诵。宋代诗人杜小山有这样的诗句："寒夜客来茶当酒，竹炉汤沸火初红"，从诗中可以看出，岁末寒冬，有客人踏雪而来，殷勤好客的主人点燃竹炉，烹茶尽具，以茶代酒，其好客如此，其雅趣如此，于一首小诗中尽现。

清人郑清之有这样的诗句："一杯春露暂留客，两腋清风几欲仙"，说明古代人不仅以茶待客，还要以茶留客，一首小诗表现出作者清幽飘逸的好客之情。

关于客来敬茶，在我国一直流传着这样一个有趣别致的传说：清代大书法家郑板桥有一次到某寺院游玩，方丈不知底细，又见他衣着俭朴，便将他当一般人看待，淡淡地说："坐"，又对小和尚喊："茶"，小和尚端上一杯普通的茶。稍事寒暄后，方丈感觉来人谈吐不俗，气度不凡，便改口为"请坐"，并喊小和尚"敬茶"。最后，经过一番长谈，知道来人是当时大名鼎鼎的大书法家、扬州八怪之一的郑板桥，方丈连忙恭敬地将郑板桥请到清洁雅静的内室，并情不自禁地恭敬喊道："请上坐"，又叫小和尚"敬香茶"。因为是大书法家到来，方丈忙研墨铺纸，乞求郑板桥留字纪念。郑板桥略一思忖，提笔写了一副对联，上联是："坐，请坐，请上坐"，下联是"茶，敬茶，敬香茶"。方丈看罢，满脸通红，羞愧满面。

关于这个传说的主人公，在流传的过程中，有的传说将郑板桥换成了宋代文学家苏东坡。但无论传说中的主人公是谁，都说明了一个道理，就是中国人崇尚真诚待客，对人应诚恳大方，平等相待，不应有势利眼。

关于以茶待客，在我国的文学作品中也多有记载。如古代大文学家曹雪芹在其小说《红楼梦》第41回中，就写了宝玉、黛玉、宝钗到妙玉所在的栊翠庵饮茶的情节。妙玉作为佛门中修行之人，自然十分清雅。她为贾母一行人砌的茶是老君眉，用的是旧年的雨水。为宝、钗、黛斟茶用的是五年前梅花上的雪水。想来这样的茶自然是醇和清幽，非一般茶可以比拟。

我国人民好客敬茶的传统美德与礼仪，从古代一直流传到今天，无论是在文学作品中还是在现实生活中，饮茶都被作为表达情感真诚待客的一种方式。无论是在钟鸣鼎食的富贵之家，还是在布衣平民之户，无论是在社交场合还是在家居待客时，为客人泡一杯茶也许是最基本的待客礼仪。

客来敬茶，最基本的是要做到茶好、水好、茶具好。茶叶要好，并不一定是价格昂贵的茶或名茶，而主要是指新鲜干爽没有异味无杂质的茶。我国地域辽阔，各地风俗习惯不同，茶资源丰源，对于茶叶，人们也是春兰秋菊，各有所好。绿茶鲜爽清淡，红茶醇和甜美，乌龙茶滋味醇厚，花茶具有各色鲜花的芬芳。给客人敬什么茶，要因人而异。如果是一位北方人，与其拿出绿茶名品西湖龙井或碧螺春，不如泡一杯北方人钟爱的花香氤氲的茉莉花茶。如果来客是一位南方女士，最好泡一杯适宜江南人口味的碧螺春或毛尖。总之，客来敬茶，既要敬好茶，又要根据来客不同分别对待。这样，一般家庭中最好具备红茶、绿茶、花茶几个品种，讲究一点的还应该有乌龙茶及几种名茶以备待客。

关于泡茶的水质，古代人十分的讲究。陆羽《茶经》曾经提到山水上，江水中，井水下，可见古人对泡茶用的水十分讲究。《红楼梦》中妙玉招待贾母一行人用的是雨水和雪水。宋代诗人杨万里诗句中这样写道："江湖便是老生涯，佳处何妨且泊家。自汲淞江桥下水，垂虹亭上试新茶"，从中都可以看出对水的讲究。

关于茶具，古人历来十分讲究。茶具作为饮茶不可缺少的一种器具，体现着主人的修养与情趣。现代人已不似古人那样讲究，饮茶以瓷器与玻璃器皿为主，讲究茶道的人对茶具讲究要精致一些。普通人饮茶要以茶具清洁干净、大小合适为宜。

茶与好客的关系在中国不仅表现为客来敬茶，还表现在相互邮寄赠送上。作为友情的象征，茶作为礼品馈赠亲友，在我国古代及现代的文学作品及现实中是常见之举。以赠茶表示问候，以赠茶寄托思念，以茶表示相知相契，在古代有许多文人佳话。如唐代著名诗人李白《答族侄僧中孚赠玉泉仙人掌茶》之诗，描述了自己漫游金陵时，遇僧人中孚，得到其赠送的数十片仙人掌茶的事情。

宋代诗人黄庭坚在苏东坡京师翰林任职时，以双井茶馈赠，并写有一首《双井茶送子瞻》，其中"为君唤起黄州梦，独载扁舟向五湖"的诗句，有感于政坛上的莫测风云，劝苏轼记住以往黄州被贬生涯，急流勇退。一茶一诗，寄寓着诗人之间的理解与关切。

宋代诗人王安石在其《寄茶与平甫》中有这样的诗句："碧月团团堕九天，封题寄与洛中仙。石楼试水宜频啜，金谷看花莫漫煎。"从中可以看出，赠茶与友人亲人在古代已经是普遍的习俗。

（二）不同民族不同地区的饮茶习俗

我国幅员辽阔，历史悠久，民族众多。历史文化传统的差异，民族与区域的不同，使得地区与地区之间及民族与民族之间在风俗上有很大差异，饮茶也不例外。各民族饮茶的类别方式及风俗有很大不同。

1. 汉族人的饮茶

汉族人的饮茶，最大的特点在于一个"清"字，即清饮。就是不加任何其他饮料和食品如食糖、牛奶、咖啡、柠檬等，保持茶的原味，潜心体会茶的清新自然的本色。其方法就是用开水冲泡茶叶或熬煮茶叶，然后直接饮用。

关于饮茶，常常提到的有三种说法：即吃茶、品茶与喝茶。吃茶就是连茶带水一起吃下，古代有生烹羹饮以为食用，现在已不多见。以欣赏茶叶为目的，潜心体会茶的滋味、重在意境的营造的饮茶为品；以解渴为目的，大杯大饮者为之喝。《红楼梦》第41回中妙玉的一段话，可以说道出了品与喝的区别："一杯为品，二杯即是解渴的蠢物，三杯便是饮牛饮骡了。"可见，道地而雅致的饮茶方法是以品为主要形式的，只有品，方能体会出茶的品质风味。

汉族人最有代表性的饮茶方式有小杯啜乌龙茶、品龙井、吃早茶和喝大碗茶。

小杯啜乌龙茶　这是汉族品茶的最为独特的方式。乌龙茶是产于福建、广东、台湾的一种名茶，兼有绿茶与红茶的清香与醇厚，风味独特。因此，品乌龙茶也有一套讲究的用具和技术及别致的品饮方式。一套古色古香的茶具被称为"烹茶四宝"，一是玉书碨，是一只朴素淡雅的扁形烧水壶；一只娇小玲珑用来烧木炭用的小风炉；三是孟臣罐，也就是一把茶壶，大的如香瓜大，小的如旱橘，茶壶底下衬有一盂；四是若探瓯，是四只小得出奇、通常只有半个乒乓球大的茶杯，每只只能容四毫升水，它们被放在一只椭圆形的茶盘中。这些杯、壶、盘多是一色青釉，具有很强的观赏与收藏价值。

啜乌龙茶，一般是由主人点燃木炭炉，将水烧开后一一冲洗茶壶、茶杯。放半壶乌龙茶在壶内，冲入开水漫出壶外，用壶盖拨去上面白沫，再加盖，并用开水在盖上冲一下，起保温与杀菌作用。稍候一下，将壶中茶水巡回注入各杯中，使各杯汤色浓度一致。此举有"关公巡城"、"韩信点兵"的说法。饮之前，按喝乌龙茶的规矩，先端至鼻端，闻其香；茶汤入口后不急于咽下，品其味；茶汤入喉时，口中"啧啧"作响，回味一下，但觉唇齿口鼻生香。品乌龙茶，要的是一种品味和情趣。因为即使饮三、四杯，也不过20毫升。所以品乌龙茶，与其说是饮茶解渴，不如说是一种雅趣、一种艺术。正像清代文学家袁枚所说："杯小如胡桃，壶小如香橼，每斟无一两，上口不忍遽咽，先嗅其香，再试其味，徐徐咀嚼而体贴之，果然清芬扑鼻，舌有余甘。一杯以后，再试一二杯，令人释燥平矜，怡情悦性。"这番话，话虽简短，但说出了品乌龙茶的全过程并深得其中三昧。

品龙井茶　龙井茶是绿茶中首屈一指的珍品，以"色绿、香高、味甘、形美"著称。品龙井茶最正宗的环境是龙井产地龙井村，这里环境幽静，龙井茶室坐落于清新宜人的山林寺院，举目望去，山青林绿，云蒸霞蔚，气氛怡人。品龙井茶，要用龙井泉的水，将茶放入白瓷杯或玻璃杯内，以便观赏。品时，不可急于大口饮茶，而是先观其形，赏其色，碧绿的茶汤中，龙井茶一旗一枪，芽叶分明。然后再闻其香，最后再细细品来，清新、鲜美、清冽、甘甜，令人心神怡然。

吃早茶　吃早茶的说法对于北方人来讲是个南方概念，因为它最早出自广州而且至今仍以广州等南方大城市为多，北方人吃早茶，不过是近些年才有的形式。吃早茶最早是在清代，当时广州有一茶楼叫二厘馆，意思是每位客人的茶价是二厘钱，光顾者多是劳动者。他们于上工之前在这里要一杯茶，两件点心作为早餐。一杯茶加两件点心被广东人称之为"一盅两件"。在广州，吃早茶不仅限于早上，即使是工余闲暇，广州人也喜欢或全家人或亲朋好友到茶楼坐一坐，一杯茶，几件精美的点心，另外茶楼里还备有烧卖、叉烧包、水晶包、鱼片粥、虾仁粉肠等广式名点。在这样的环境里，人们或低声叙旧，或高谈阔论，或亲朋好友相聚，无拘无束，其乐融融。如今，这一形式已在北方城市出现。

喝大碗茶　大碗茶是在北方多见的一种饮茶方式，喝大碗茶者多是劳动者、旅行者，在工地田间，在车船码头，都可以看到有喝大碗茶的。喝大碗茶的摆设设施比较简单，不必茶馆茶楼，一般一个茶摊茶亭、几张桌子板凳、再加若干只粗瓷茶碗就可以了。这种方式虽然比较粗犷，但贴近生活，解决了劳动场合及旅行途中的饮茶问题，不失自然本色，所以仍然受到欢迎。

2. 藏族人的饮茶——酥油茶

位于世界屋脊的西藏，地势高峻，气候寒冷干燥。藏民们多以肉食、牛奶、糌粑为主食，茶叶就成了西藏人其他营养成分的主要来源。在西藏有这样的说法："其腥肉之食，非茶不消，青稞之热，非茶不解"。并且西藏人"宁可一日无食，不可一日无茶。"可见茶对于西藏人的重要性。

藏族人的饮茶，有奶茶、酥油茶、清饮多种，以酥油茶最普遍。酥油是牛羊奶经熬煮后冷却在表层上的一种奶脂，茶多数是滋味浓厚的紧压茶，如砖茶、普洱茶、金尖等。酥油与茶之外，还有花生仁、瓜子仁、芝麻、松子等佐料。做法是将捣碎的紧压茶煮沸半小时后，将茶汁、熬好的酥油及盐巴、佐料放入一个打茶桶里，用一根长棒不断舂打，直到舂打的声音从"咣当"声变为"嚓呀"声时，酥油茶就打好了。

打茶用的茶桶及盛茶的茶具十分讲究，桶多为铜质和银质，茶具有银制金制的，碗大多是木碗但用金、银、铜镶嵌。还有一些翡翠制成的华丽茶具，为富有的人家所拥有，常常被当作传家的珍宝。

喝酥油茶礼节讲究。宾客光临时，好客的主妇会端上糌粑，然后根据长幼次序一一奉上酥油茶。饮者边饮茶，边吃糌粑。按照习俗，喝酥油茶时不可一饮而尽，而是每次茶碗里都留下少许，以表示感激及对主妇茶艺的称赞。茶喝足后，将碗中剩下的少许茶轻轻泼在地上，主人便知客人吃足了，不再布茶。

藏族人因为特殊的需求，喝茶居其他少数民族之首，人均年消费茶约15公斤，每天喝茶20碗左右。富有的人家终日将茶壶放在炉上煮熬，以便随时取用。在西藏的一些喇嘛寺里，几乎都有一口直径1.5米的大锅，煮水熬茶，供朝拜者饮用，可以说是佛门的施舍。在藏族的风俗里，也有将茶作为男婚女嫁的礼品，用茶象征美满的婚姻。

关于酥油茶的起始，在藏民中流传着文成公主的传说。相传唐代文成公主进藏时带去茶叶，经过调制数次后，逐渐成为酥油茶。这样一段佳话为酥油茶这一富有民族特色的茶点，又增添了瑰丽的色彩。

3. 维吾尔族人喝奶茶与香茶

位于新疆地区的维吾尔族，是个能歌善舞、富有智慧和热情的民族，他们和蒙古、汉、哈萨克及回等民族一起居住在我国的西北边疆。一条天山山脉将这一地区一分为二，天山南北气候土质各异，因此南部以农业为主，北部以畜牧业为主。气候及生产方式的不同，使这同一民族的饮茶内容及方式也不同。北部以喝奶茶为主，南部以喝香茶为主。但茶都用茯砖茶。

奶茶就是将茯砖茶敲成小块，放入壶中烹煮，水开一会后，放入一碗牛奶和几块奶疙瘩与少许盐巴，煮约5分钟，一壶喷香的奶茶就做成了。对于生活在新疆北部以畜牧业为生的维吾尔族人来说，奶茶是每日不可少的饮品，在牧民的帐篷中间，常年悬挂着一把铝制茶壶，终日燃烧的煤火使奶茶可以随取随饮。

奶茶对于北疆人来讲三餐必备，有时一天喝七、八次。当有客人来家，主人会将一块干净的白布铺在地上，在请客人喝茶的同时，以奶油、蜂蜜、羊肉、馕、水果等招待。如果客人已觉满足了，只需用右手将五指张开，在茶碗上一盖，主人便能心领神会。

香茶用的也是茯砖茶，但加的佐料是胡椒、桂皮等香料。做法是将茶与香料在一起煮熬后，用一种网状的过滤器注入茶碗。通常是一边喝香茶，一边吃馕，这样，香茶的作用就近于一种汤料，是以茶代汤的意思。胡椒、陈皮、茶分别有开胃、益气、提神的作用，三者互补，无疑是一种药用、饮用、食用兼具的茶制品。

4. 蒙古族的咸奶茶

咸奶茶是一种茶与牛奶、盐巴同煮而成的茶。其做法是将青砖茶、黑砖茶打碎，放入铁锅中煮沸几分钟后，再加牛奶、盐巴，煮开后即可饮用。

咸奶茶虽然比酥油茶、奶茶等做法简单，但水、茶、盐、奶要有一定的比例，一般是2～3公斤水加砖茶25克。另外，放茶与奶的顺序、煮的时间都很讲究。蒙古族女子未出嫁时就由母亲教给煮茶技艺。女子出嫁时，新娘都要显示一下煮茶的本领，亲手煮好奶茶，献给各位亲朋。煮一手好咸奶茶，是蒙古族姑娘家教好的一种表现。

与其他民族的一日三餐不同，蒙古族人为一日一餐，一日三次茶。通常是主妇清早煮一锅茶，供一家人全天喝。一家人只有在晚上放牧归来后才用一次正式的晚餐。将咸奶茶作为每日生活中必备的饮料，佐以炒米、油炸果充饥，是蒙古族人能一日一餐而保持不饥饿的主要原因。

5. 纳西族的盐巴茶及"龙虎斗"

云南是茶的故乡，在这块风景秀丽、气候宜人的土地上，居住着纳西族、景颇族、哈尼族、彝族等少数民族兄弟，其中纳西族的大部分同胞聚居在这里。因为这里海拔高，气候干燥，缺少蔬菜，茶就成了当地人必不可少的饮料，甚至一不喝茶，就会害头昏脑涨、浑身乏力的"茶病"。

盐巴茶作为纳西族及其他民族享用的一种饮料，是用青毛茶或饼茶加盐巴调制而成。方法是将茶砸碎放入瓦罐中烘烤，待烤出香味时，冲入开水，煮几分钟，再放入盐巴。冲至杯中时，一般只冲半杯，再加开水冲淡，一般烤一次茶可冲三四次。一日三次茶，一边喝茶，一边吃苞谷粑粑或麦面粑粑。这种吃法，在当地人看来其乐无穷，所以，纳西族中流传着这样的歌谣："早茶一盅，一天威风；午茶一盅，劳动轻松；晚茶一盅，舒筋去痛。"

另一龙虎斗吃茶法，名称虽然生猛，实际上是纳西人医治感冒的一种药用茶。做法是将在火罐中烘烤至焦黄的茶中冲入开水，如同熬中药一样熬煮后，将半杯白酒倒在茶盅里，再将茶汁倒入白酒中，这样，茶盅里会出现一种悦耳的声音，音响之后，有时再加一个辣子，然后就可以饮用了。热茶热酒再加辣椒，喝下后浑身出汗，感冒也就好了。

6. 傣族、拉祜族的竹筒茶风俗

傣族与拉祜族，居住在我国的云南边疆，以吃竹筒香茶为主要饮料。

竹筒香茶做法有两种，一是将细嫩的茶芽叶，放入嫩甜的竹筒内，使制成的茶既有茶的清香，又有竹子的甜嫩香。另一种是将糯米、茶叶放在一起蒸，待茶叶软化后，装入竹筒内压紧，然后用文火烘烤，等筒内茶叶烤干时，剖开竹筒，即是竹筒香茶。

竹筒香茶集竹香、茶香、糯米香于一身，是傣族、拉祜族同胞喜爱的饮料。

7. 土家族人饮擂茶——三生茶

土家族人主要居住于我国的湖南、湖北、四川、贵州的交界处。他们以喝擂茶作为自己的主要饮料。

擂茶又名三生茶，用生茶叶、生米、生姜制成。做法是将这三种原料放入一个木制的擂体中，用力捣研，直至研成糊状，然后用锅煮沸，便成了擂茶。因为其特殊的清热解毒、理脾润肺的功能，因而很受居住于高寒湿潮地区的土家人喜爱。如同一日三餐，擂茶对土家人来讲每日不可缺少。佳节良辰，它又是招待宾客不可不备的饮品和点心。

关于擂茶的由来，有这样一个神奇的传说。传说三国时张飞带兵路过这一带时，酷暑瘟疫，军中人疲惫不堪，将士大多因病倒下。当地一位中医老汉，有感于张飞部队的军纪严明、爱戴百姓，献上擂茶的祖传秘方。果然，吃下擂茶后，茶到病除，军威重振。张飞称老中医为神医，并为结识老汉感到三生有幸。三生茶之名由此而来。

由于个人爱好不同，吃擂茶时可以放上白糖或盐，也可加入花生、芝麻之类，使擂茶更加可口宜人。

8. 苗族人爱喝油茶

在苗族的居住地桂北、湖南交界处与遵义地区，流传着这样的顺口溜："香油芝麻加葱花，美酒蜜糖不如它。一天油茶喝三碗，养精蓄力有劲头。"这样几句顺口溜，道出了苗族及居住在当地的侗、瑶族兄弟对油茶的喜爱。

油茶的制法很有特色，佐料品种也多，用末茶或芽茶，外加芝麻、花生米、鱼、肉、葱姜及食油或茶油等。先将锅烧热，再加油入锅，油热后，放入茶叶翻炒，再放入花生、芝麻、生姜之类，然后再加水煮沸几分钟后，再加入葱姜，即是鲜香味美的油茶。如果是用来招待客人，可以再在油茶中加入某种食品或菜肴，用作配茶。根据佐料的不同，分为鱼子油茶、米花油茶、糯米油茶等。如果是在隆重的场合，吃油茶还要请特别的油茶手炒制各种食物，如炸鸡块、炸虾子等。招待宾客时，主人殷勤地用双手奉茶，客人也要双手接过并欠身致谢。喝茶时，为表示对主人手艺的赞美，为感谢主人殷勤待客之情，应边喝边表示赞美。喝油茶，最起码应喝三碗，在当地称作"三碗不见外"。

9. 回族人喝罐罐茶

居住于我国大西北甘肃、宁夏、青海地区的回族人，以牛羊肉奶制品为主要食品。这里地处寒冷高原，蔬菜少，因此，茶成为补充营养及维生素的主要来源。一个成年的回族人一年要喝茶10多公斤。在众多的饮茶方式中，罐罐茶是回族人最具特色的饮茶方式。

罐罐茶是以炒青绿茶为主要原料，用一只很小的土陶罐煮成的茶。这种土陶罐看来粗糙但古拙质朴，而且不容易使茶走味变性。因为陶罐、茶杯小，易于客人自斟自饮，因而别具情趣。

罐罐茶的煮法类似煎中药，煮开半罐水，再加入茶叶，搅拌一会后，将水加到八成，再煮好后，即可饮用。罐罐茶的茶汁较浓，初饮者会感到苦涩。但对回族人来讲，这种饮茶，苦中带涩，别有一番风味。

10. 宝岛台湾的饮茶习俗

祖国的宝岛台湾，地处我国南端，长年气候温热，夏季酷暑，烈日炎炎，因此，这里的饮茶以冷饮为主。

冰红茶是台湾人喜爱的一种茶饮品，材料简单，制作方便。先将红茶冲泡成浓茶汤，在杯中放八分满的冰块，加入红茶汁，再加糖或蜂蜜，即是一杯色泽鲜艳、令人清新的冰红茶。这种红茶降温、解暑，令人能在酷热的夏季体会到沁人心脾的清爽。

泡沫红茶的做法是用开水冲泡红茶，在调酒器中放入八、九分满的冰块，再加糖水、加红茶汤。盖好调酒器瓶盖，上下急剧摇晃，冷热冲击，产生泡沫，待冰块融化后就可饮用。如果再加一点果酱，就成了具有果香味的泡沫红茶。

香槟乌龙茶——好茶好酒好风味，在调酒器中加入大量冰块和适量糖水，注入茶汤，滴进数滴香槟酒，盖好瓶盖并迅速摇匀。这种乌龙香槟，既带有乌龙的香气，又有香槟酒的快感，令人心旷神怡。

11. 香港人喜欢六安枝和普洱茶

香港天气炎热，尤其是酷暑时分，人们都爱喝一些凉爽清新的饮料，以便降温防暑，去热清火，六安枝和普洱茶就成了特别受港人喜爱的茶类。六安枝茶，实际上是绿茶的嫩梗；普洱茶是以晒青绿茶"滇青"为原料蒸压而制的一种紧压茶。这两种茶，性质平和、味道甘美，生津解渴，除去油腻，理脾健胃，是深受香港人喜欢的饮品。

（三）与茶有关的习俗

茶在中国人的生活中，除了款待宾客、馈赠亲友、自斟自饮、自得其趣外，还和民间的一些礼仪活动联系着，如婚庆活动、敬神礼仪、丧葬祭祖中都用得上茶。

1. 茶与男婚女嫁

相亲相爱、琴瑟和鸣、白头到老、幸福美满也许是每一对新婚夫妇及其亲朋好友的美好心愿。在中国的传统习俗中，茶也就显得格外重要，因为它象征着至性不移，象征着忠贞和专一。这与我国古代人对茶树的习性看法有关，在古代人有局限性的认识中，认为茶只能从种子萌芽，然后成长为一株茶树。它不能移植，否则就会干枯而死，因而它代表着坚贞不移。

在我国的婚姻礼仪中，许多地方都离不开茶。《辞海》上讲，旧俗婚礼多用茶，故名"茶礼"。清代孔尚任《桃花扇》中有这样的句子："花花彩轿门前挤，不少欠分毫茶礼。"茶礼又名"茶银"。男方到女方家求亲都要以茶为礼品；女方接受男方聘礼叫"受茶"或"吃茶"。"一家女不吃两家茶"的谚语，实际上寓意着一女不可二嫁。有的地方男女结婚时，一对新人要泡上最好的茶，交杯而饮，类似交杯酒之意。在台湾，男方来相亲时，姑娘要以茶待客，以便让男方一睹芳容，女子也借机察看男方。定亲时，男方父母在空茶杯中放一红包，然后由女方连茶碗带红包一起收去，一桩双方满意的婚姻就这样定下了。在藏族地区，藏民以砖茶为聘礼定亲。云南的少数民族地区，新婚夫妇结婚时要共喝一杯红艳的普洱茶。蒙古族的妇女都是煮奶茶的好手，女孩子在做姑娘时，就由母亲教给奶茶的做法，煮茶是显示家教有方的一种形式。举行婚礼时，新娘都要当着众位亲朋的面，显露一下本领，将亲自煮好的奶茶，敬献给诸位亲朋。在湖南的婚俗中，闹洞房时，要喝"和合茶"、"桂花茶"、"安字茶"。浙江人嫁女，娘家要送茶料，茶料中包括茶、莲、栗、枣、糖等，表示期待婚姻美满、早生贵子的心愿。

关于婚姻中茶的风俗，据说与文成公主有关。文成公主进藏嫁给松赞干布时，带去的大量礼品中就有茶。现在藏族地区的同胞，每当饮酥油茶时，常常会怀念起这位唐代的公主。

茶和婚俗的联系，可能还与古代人将茶作为小女孩的美称有关。金人元好问有这样的诗句："牙牙娇语总堪夸，学念新诗似小茶。"古人还将"茶茶"作为少女的昵称，如明人朱有敦《元宫词》中的句子："进得女真千户妹，十三娇小唤茶茶。"可见茶在古人心目中是美好女子的象征。

总之，茶是美好的事物的象征，茶不可移植寓意了至性不移的爱情。古代人栽茶必须下籽，寓意着婚后生子。这两种美好的寓意使茶与婚俗礼仪密切联系着，代代相传，成为一种习俗。

2. 茶与敬拜神明

一杯干净、清新的香茶，用来供奉敬拜神明是最朴素最清净的方式。尤其是佛教传入我国以来，多是在名山名水之间修建寺院，这里适合茶树的生长，许多寺院及其周围都种了茶树，宗教提倡参禅修行、清心寡欲，这与茶的清新淡雅产生了一种联系。自然，当人们拜佛敬神的时候，茶就成了一种很自然的供品。

3. 茶与丧葬祭祖

这种风俗可以追溯到 3000 多年前，当周武王打败了暴虐无道、荒淫至极的殷纣王后，建立了周朝。武王深知纣王覆灭的原因在于荒淫暴虐挥霍无度。为确保周王朝永存天下，曾经立下很多规定，其中一条就是祭祖时要俭朴，不必大事张扬和操办，可以用茶祭祖。如今，这种风俗在许多地方还保存着，或用茶来祭祖，或用茶作为殉葬品。

从以上习俗可以看出，茶叶作为生活中的必需品已经与许多礼仪风俗联系在一起了。

（四）题外话，世界饮茶习俗拾锦

中国作为茶叶的故乡，世界各地的饮茶习惯都是由中国传播过去的，有人评价说茶是中国带给世界的一份好礼物。如今茶叶已经成为誉满全球的世界性饮料。

茶叶传播的历史也十分久远，早在西汉时期就有史料记载。那时我国与南洋诸国通商，汉武帝的使者曾带着黄金、帛及茶等土特产出使南洋一带，茶叶首先在印度及越南等地传播。南北朝时，茶叶随着中国的丝织品及瓷器到了土耳其等国。

唐朝是中国封建社会的鼎盛时期，对外贸易繁荣，对外交流发展。日本的佛学大师在我国学佛归国时，曾带茶籽回国，受到天皇赏识，茶叶栽培得以推广。

经过了宋元时代交流的增进，到明朝郑和下西洋时，茶叶输出到达东南亚、非洲东部及西欧各国，被欧洲人视为最时髦的饮料。到清代时期，美国人也开始普遍饮茶。19世纪时，茶叶出口几乎遍及世界各地。

学过历史的人都知道，在我国对外贸易的历史中，有一条"丝绸之路"，同样茶叶出口也有一条茶叶之路——即海路和陆路。对于茶的称谓也与茶传播的道路有关，由海路传播出去的近似闽南发音"ti"，如英语中的"tea"；由陆路传播出去的近似华北语系中的语音"cha"。这从一个方面证明了中国是茶的发源地。

1. 富有特色的"日本茶道"

中国与日本是一衣带水的邻邦，中国文化对日本文化有着源远流长的影响。中国的茶叶及茶叶知识早在汉代就传入日本。到了唐宋时代，随着交流的广泛与加深，日本饮茶之风日盛。对日本饮茶文化做出贡献的有三个人物：日本高僧最澄禅师、空海禅师及荣西禅师。前两者于唐代在中国学习佛学，归国时带去茶籽栽种成功，受到天皇称许。荣西禅师宋代两度来华，归国时也带去茶籽，引种于日本各地。他还结合自己的种茶饮茶经验，写成日本第一部茶书《吃茶养生记》，结合中国茶文化及日本本土的文化、传统道德及哲学思想、生活方式，总结出了日本自己的饮茶习俗。当时日本的一些富人举行茶会，被称为"茶数寄"，意思是"风雅茶会"。荣西对日本饮茶的风行起了推动作用，被誉为"日本茶祖"。到了奈良时代（约 15 世纪初），日本高僧村田珠光结合茶数寄，创立了日本独特的茶道。

日本茶道有近 20 个流派，丰臣秀吉时代高僧千利休创"千家"流派，被日本人视为大众化茶道创始人。时间是在 16 世纪 80 年代。

茶道，实际上是指沏茶、敬茶、饮茶的一种礼仪。日本的茶道与日本传统文化有着密不可分的关系，讲究和美。日本的姑娘在出嫁前都要学习茶道，茶道反映着一个女子的修养，日本的婆婆常常以此察看媳妇是否懂礼。

茶道讲究"和、敬、清、寂"四字基本精神。和为和平和好；敬为互敬互爱；清为洁净俭朴；寂指闲寂幽雅、以求凝神沉思，修身养性。

茶道讲究"四规"、"七则"。"四规"指待客和气，互敬互爱，环境幽雅，陈设雅致精美。"七则"指茶的多少、茶水质地、水温、火候、炭料、炉子摆设方位及插花艺术。

按照茶道的传统，饮茶的环境极为重要，要幽静、寂静，多是在有着山石、松树和枫树的小花园内，便于有一种恬淡、静寂的气氛。茶室旁有一木屋用来洗涤茶具，客人休息用的休息室与茶室曲径通幽。茶室进门处的格子门都较矮，一般客人都要躬身进入以示谦逊。主人跪坐门口表示欢迎。茶室的气氛祥和平静，即使武士入室，也将佩剑卸下。入座后，宾主相互致意。主人敬茶时，左手掌托着，右手掌扶茶碗。客人接过后，先举至额角表示谢意，然后饮茶并伴以轻轻的吱吱声，以示赞赏。饮茶结束后，主人跪坐门侧送客，客人须几番鞠躬道谢后方可辞别。

饮茶的过程也很讲究。茶室里必须插上花，多是清幽淡雅的花枝而忌用红艳及色彩强烈的花卉。插花根据季节不同而有变化，夏季时一株带露莲花让人赏心悦目；冬天时野樱桃与山茶花让人觉得春天仿佛就要来临。

茶道所用茶是绿茶粉。主人用木勺将粉茶放入碗内，注入沸水，茶汤浓如豆羹，用竹帚搅拌直至起泡后方可饮用。茶碗多数是精致的黑色碗，敬茶时先敬首席，然后依次敬奉。饮茶完毕后，主人让客人欣赏一下自己的茶具，可以说整个茶道过程气氛和美，情调优雅，其乐融融。

在樱花盛开的时节，在富士山下，伴着悠悠的和歌声，欣赏一下日本的茶道，在寂静和美的气氛里，或平心静气地与一二知己絮语，或独自凝神遐思，可谓人生一种至美至高的境界。

2. 英国人喝下午茶

中国茶叶由海路传播到西欧可以追溯到 17 世纪，因为西欧各国皇室的提倡及欣赏，至 18 世纪，饮茶之风已风靡欧洲。

在英国，最初将茶作为饮料引进的是伦敦一家名为托马斯·加韦的咖啡店，店主人于 17 世纪 50 年代用招贴宣传中国茶。1662 年，喜欢饮茶的葡萄牙公主凯瑟琳嫁给英皇查理二世，把饮茶的风气带进了皇室。但这时茶作为奢侈品十分昂贵。17 世纪末，伦敦许多咖啡店都增添了茶饮料，茶价也逐渐公道，普通人也可进咖啡店饮一杯茶。1717 年，伦敦出现了第一家专门的茶室，取名金狮。至此，不仅男人即使妇女也可以出入茶室，欣赏这独具东方风味的茶饮料了。

18世纪后，伦敦茶园茶室增多，在茶园里，不仅可以饮茶，且可以读报、写文章、玩纸牌、会朋友、打听新闻等。茶室除供应茶之外，还供应牛肉、鸡、火腿、葡萄酒及香槟等，茶园茶室成为英国人喜欢光顾的场所。

英国人所以喝下午茶，是与英国的饮食习惯有关。英国人重视早餐，午饭比较马虎，晚餐多是在晚上8时以后，这样人们的体力就难以支持。18世纪60年代，一位贵族妇人倡导吃下午茶，即每天下午5时，饮茶吃点心，这样可以点饥提神。这一办法深得大家欣赏，尤其是当时那些时髦的家庭主妇，为做午后茶到了乐此不倦的地步，午后茶之风很快风靡。

午后茶又称5时茶，每天下午4至5时享用。它实际上就是一道茶点，一般是一杯奶茶加几块点心。如果有客人在座，茶点就更精致丰盛一些。英国人多以喝红茶为主，汤色红艳，滋味强烈。在茶汤中再加入牛奶和方糖，风味醇和甘美，令人有无穷的回味。

如今，在英国喝午后茶已成为一种风气。它不仅点饥解饿，消除疲劳，而且还是聚会的好方式。在雾蒙蒙的下午时分，坐在清静的茶园和在自己家的客厅里，饮一杯午后茶，与家人与朋友相聚，不失为种雅致闲逸的人生享受。

3. 美国人喜欢饮冰茶

英国人的生活方式、文化方式对于美国的影响是不言而喻的，即使在饮茶风俗上也不例外。美国接受英国影响开始饮茶，可以追溯到18世纪初。18世纪以来，美国饮茶之风日盛。

美国人一向具有生性好奇、勇于创新的品格，无拘无束、自由浪漫是美国人的特性。表现在饮茶上，既不像日本人那样雅静精致，又不同于英国人的绅士风度。美国人饮茶形式多样，以饮红茶为主，杂以绿茶、花茶、乌龙等。他们习惯于在茶中加奶和糖，甚至柠檬、蜂蜜、果汁、酒、冰块等。美国人一向酷爱冷饮，有些人甚至一年四季饮用冰茶，常年饮用冰茶的人在美国人中占了三分之一。

美国人制作冰茶的办法十分简单。一般以红茶为原料，将红茶泡好，滤去茶渣，饮用时，将茶水倒入杯中，用冷开水稀释，加入冰块及佐料如柠檬、蜂蜜、果汁等，制成适合各人风味的冰茶。绿茶和乌龙茶制成的冰茶，一般只加冰块，不加佐料，喝起来清香可口。

美国妇女对于冰茶的发展、饮用及推广做出了贡献。一个时期，美国妇女致力于冰茶的制作和宣传。如今，在美国的市场商店及大街小巷，都随时可见自动售茶机在出售冰茶，顾客可以直接随手取饮。

4. 俄罗斯人喜欢柠檬茶

欧洲各国饮茶，有"东俄西英"的说法，即西欧国家多沿用英国饮茶方式，东欧国家则多仿效俄国式。蒙古是中国茶叶传入俄国的途径之一，受传播方式影响，最初俄国的饮茶，类似蒙古族的煮饮，后来才逐渐形成了自己独特的方式。

俄国人的饮茶方式十分奇特。煮水用一只铜质或银质的大茶缸，中间一只四足鼎立的金属筒可燃木炭，筒口上有一蝶形盖片。大茶缸中的水煮沸后，将茶叶放入小茶壶中冲进沸水，然后将茶壶放在蝶形盖片上，使茶汁慢慢溢出。这时，一般是女主人将茶依次注入装有带柄银托的玻璃杯中，容量约杯子的一小半，再用缸中沸水添加杯中，放上一、二片柠檬片，就成了美味可口的柠檬茶。讲究的场合或家庭，可以在客人面前放几只小碟，里面装有糖和果酱，客人可以将块糖随时放入杯中。寒冬时分，如果在茶中加些甜酒，又可以解渴御寒。

5. 荷兰贵妇人以茶为荣

在欧洲诸多国家中，荷兰最早输入茶叶及茶具，因而饮茶最早。17世纪中国茶涌进荷兰时，价格昂贵，只有贵族才能饮用。当时的一些贵妇人以拥有名茶、以茶待客为荣。17世纪中叶，荷兰的一些上层家庭开始有了专用茶室，用来招待客人。小巧玲珑的茶盒里分别放着几种好茶，客人自己挑选，用茶壶冲泡好后注入杯中，客人可以根据自己爱好选择奶酪、番红花、糖等调料，饮茶时可以吃些糕点。客人饮茶时，口中要啧啧有声，以示赞赏。

很长一段时期，茶这种饮料使时髦的荷兰贵妇人迷恋到着魔的地步。她们嗜茶聚会，懒理家务，以至于家庭不和。因此社会舆论曾一度攻击饮茶。如今，荷兰人对茶已不再那么狂热着迷，但日常生活中一日三餐是离不开茶的。荷兰人还模仿英国人喝午后茶。但在饮茶方式上已大大简化。

四、品茶的艺术与方式

茶，是一种饮料，又不仅是一种饮料，它又是一种特殊的工艺品。在品茶的过程中，人们既可以得到物质上的享受，又可以得到精神上的愉悦。置身于月明风清、花前林中的环境里，有松竹梅菊相伴，有丝竹管弦相伴，邀几位知己亲朋，在诗情画意的氛围里品茶，令人赏心悦目，身心舒泰。

中国人在长期的饮茶历史演变过程中，在品茶的艺术和品茶方式上都形成了自己风格独具的特色，如品茗的环境、茶宴与斗茶、茶馆茶楼茶摊等，雅情逸趣，独具特色。

（一）优雅宜人的品茗环境

任何一种活动，都需要一种场所，一处环境，品茶也是这样。茶在我国，最初见之于上层阶级、士大夫阶层，是一种表示门第高贵、生活闲适富贵及情趣高雅的饮料。即使发展到今天，茶作为一种饮品已经普及到每个家庭，但在长期的文化沉淀中，人们对于饮茶，已经形成了一种审美的习惯和情趣，因此，对于品茶的环境就十分讲究，以期达到一种趣味高雅的境界。

明代人徐渭在其《徐文长秘集》中说过一段话，从这段话里可以见出古人对品茗的环境已十分讲究和重视："茶宜精舍，云林，竹灶，幽人雅士，寒霄兀坐，松月下，花鸟间，清白石，绿鲜苍苔，素手汲泉，红妆扫雪，船头吹火，竹里飘烟。"这段话，环境、人物、氛围尽在其中，勾画出古人品茗的高妙境界，读来令人如身临其境，尽得其妙。

讲究品茶的环境，主要是指家庭品茶环境，公共场所品茶环境和园林山水自然中的品茶环境。

家庭品茶环境，因为每个家庭的居住条件不同，不必刻意追求一致。可以根据自己家庭的实际情况，选择一个合适的会客饮茶的位置。一般应选择在窗下有阳光照射的地方，茶几、沙发应干净，舒适。墙上最好有一幅字画，既显示出主人高雅的情趣，又可供客人欣赏。窗台或花架上摆放一两盆花或绿叶植物，也可根据季节放几盆鲜花，如春天的迎春花、秋天的菊花或冬季的水仙等等，虽足未出户，但也可以让人感觉到户外自然的气氛，让人在品茗之余，欣赏花红叶绿，可谓赏心悦目。

公共场所的饮茶，因为层次、风格的不同，因而呈现出一种多姿多彩的特点。讲究的有楼阁亭堂，雕梁画栋，红木嵌银的八仙桌，大理石圆台，房顶上流光溢彩的宫灯如同光的瀑布，镶嵌在墙上的各色壁灯又营造出一种柔和温情的气氛。窗上，色彩雅致的窗帘帘幕低垂，将外界的车来人往屏于窗外。有条件的茶馆，可以设一戏台，生末净旦，弹弹唱唱，别具风味。像北京的老舍茶馆，茶友戏友共聚，京剧名家时有光临，使茶馆气派非凡。上海城隍庙的湖心亭百年老茶馆，也是古香古色，古朴雅致。

近几年，一些现代化的高级宾馆、酒店在我国大中小城市不断涌现，宾馆内的茶室，华贵富丽，给饮茶这一古朴的形式带来了现代气派。高档音响，卡拉OK，人工灯光，空调设置，五光十色，富丽堂皇。这种饮茶环境特别受到青年人的喜欢。

当然，公共场所的饮茶环境也不必一味追求档次，一座平房、木屋甚至少数民族同胞的竹楼都可以成为饮茶的场所。

只要窗明几净、桌椅板凳整洁，茶具清洁就好。朴素简单的环境里也许能使人更加多得一些体会和颖悟。

园林山水中的饮茶场所是指在依山傍水的地方建造的茶室、茶亭等。我国古代园林很多，山水名胜数不胜数，几乎在每座城市里都有或多或少的人工园林，它们充分体现着古代人的智慧与雅趣，山石林立，翠竹临风，松月相伴，花香鸟鸣，也几乎在每个地方，都有大自然馈赠给人类的山水名胜，或飞瀑流湍，或溪水潺潺，或层峦叠嶂，或郁木葱葱，这样一些人工园林和自然山水，是饮茶最好的环境。在其间，设立茶室，让人们在品茗憩息之余，尽赏周围景色，可以说是品茗赏景，美不胜收。像素有天堂之称的杭州，美景处处，仅西子湖周围，就有多处景观，在山旁水畔，设有不少茶室，像柳浪闻莺茶室，平湖秋月茶室，六和塔茶室等，面山临水，尽得自然之妙。素有泉城之称的山东济南，家家泉水，户户杨柳，在千佛山、趵突泉、黑虎泉、大明湖等风景区，也设有许多茶室。如在千佛山上，置身于绿树掩映的山中，置身于经声佛号的氛围里，清茶一杯，暮鼓晨钟，让人修身养性；如在大明湖畔，绿波荡漾，帆船点点，荷花映日，此时饮茶，可谓赏心悦目，心旷神怡。

（二）古往今来的品茶形式

1. 历史上的茶宴与斗茶

茶宴与斗茶，都出现在我国的饮茶历史中。茶宴，是一种以茶代酒宴请宾客的方式。斗茶，是赛茶、以茶较量、以茶决胜负的意思。两者之间含义不同，前者茶宴是款待客人之举，客气、宽容；后者斗茶为了一比高低，就有了争斗的气氛。两者含义不同，但在饮茶史上却紧密相关，是在饮茶的演变过程中逐渐形成和发展起来的两种饮茶方式。

关于茶宴的出现，在我国的历史资料中，最早见于《三国志》中的记载：吴国末帝孙皓，每次宴请宾客时，都要让客人至少饮酒七升，以至于将满朝文武灌得酩酊大醉。唯独对大臣韦曜因其不善饮酒，动辄易醉，孙皓便宽容相待。每次宴请宾客，都对韦曜特殊对待，"密赐茶荈以当酒。"这里的以茶代酒，实际上是茶宴的最初雏形。不过，茶宴一词的最早记载，在南北朝的文献里就已经出现了。

茶宴的正式形成和兴起，应该是在唐代。那时，在当时的东西两都即西安和洛阳，饮茶之风盛行，几乎到了"比屋皆饮"的地步。茶宴成为当时社会上的一种风尚。

　　关于唐代茶宴的情况，在唐代诗人的笔下多有出现。如当时的湖州紫笋茶和常州阳羡茶被列为贡品每年进奉宫中。每当春天制茶时节，两州太守都要到毗邻两州的茶山即顾渚山境会亭举行盛大茶宴，并邀请社会名流、文人雅士参加。有一年，正在苏州做官的著名诗人白居易接到邀请后，因为有病，不能赴宴，写诗一首。诗人以自己丰富的想象和不凡的才华描绘了茶宴的盛况，表达了不能到会的遗憾心情。在这首题为《夜闻贾常州、崔湖州茶山境会想羡欢宴因寄此诗》中有这样的诗句："遥闻境会茶山夜，珠翠歌钟俱绕身。盘下中分两州界，灯前合作一家春。青娥递舞应争妙，紫笋齐尝各斗新。自叹花时北窗下，蒲黄酒对病眠人。"诗人虽未到会，但诗人的想象和才能却将诗写得令人有临其境、会其意之感。

　　唐代著名诗人钱起，曾经写过有关茶宴的诗，如《与赵莒茶宴》："竹下忘言对紫茶，全胜羽客醉流霞。尘心洗尽兴难尽，一树蝉声片影斜。"

　　另外，当时的户部员外郎吕温在其《三月三日茶宴序》中对茶宴的情致氛围都做了描述："三月三日，上巳祓饮之日也，诸子议茶酌而代焉，乃拨花砌，爱庭荫，清风逐人，日色留兴，卧借青霭，坐攀花枝，闻莺近席羽未飞，红蕊拂衣而不散，乃命酌香沫，浮素杯，殷凝琥珀之色，不令人醉，微觉清思，虽玉露仙浆，无复加也。"将香茗比作玉露仙浆，可以看出唐代人对于茶的推崇和欣赏。

到了宋代，因为茶叶生产扩大，制茶工艺不断创新，茶宴之风盛行，并逐渐演变为"斗茶"。斗茶实为茗战，斗茶双方各自拿出自己最好的茶叶令人品尝，以决胜负。这种风气在官场上层社会中十分盛行。这恐怕与当时的帝王嗜茶之风有关。像当时的宋徽宗，不仅爱好饮茶，而且对饮茶有非常的研究。他曾写过一本关于茶的专著《大观茶论》，对茶的生产，制作、烹煮及茶的品质特性都作了比较详细的叙述。由一位一国之君的皇帝写关于茶的专著，这在中国史上还是第一次。宋代的茶宴多在文人雅士及官场上层人物中展开。文人骚客的茶宴重在情趣高雅，环境宜人，情调和氛围都有很强的文化色彩。而官场特别是宫廷的茶宴大都要求场面气派华贵，金碧辉煌。在当时，宋徽宗曾亲自设茶宴赐予众臣。皇帝设茶宴实际上是对众臣的一种恩施，肃穆庄重，礼节严格，众臣在皇帝的带领下品茗赞茶，感谢皇上的恩典，整个茶宴的气氛都十分隆重。关于当时茶宴的情况，在宋人蔡京的《太清楼特宴记》、《保和殿曲宴记》、《延福宫曲宴记》中都有记载。如《延福宫曲宴记》中这样写道："宣和二年十二月癸巳，召宰执亲王等曲宴于延福宫……上命近侍取茶具，亲手注汤击拂，少顷白乳浮盏面，如疏星淡月，顾诸臣曰，此自布茶，饮毕皆顿首谢。"这里记载了宋徽宗茶宴群臣的情况。

　　因为宫廷的推崇，社会上茶宴尤其斗茶之风日盛。参加斗茶的双方都拿出自己珍藏的上好茶叶，请品者轮流品尝，以决出胜负。这种斗茶风气的兴起还与贡茶很有关系，一些官吏权贵为了得到圣上恩宠，争相斗茶，献茶进贡，这对斗茶起了推波助澜的作用。以斗出的好茶进贡，以便取悦于皇上，对于这种风气，宋代诗人范仲淹、苏轼的诗中都有描述。如范仲淹的《斗茶歌》，写"北苑将期献天子，林下雄豪先斗美。"苏轼有关斗茶的诗里有这样的诗句："武夷溪边粟粒芽，前丁后蔡相宠加，争新买宠各出意，今年斗品充官茶。"诗中描绘了两任福建漕使，为了取悦于皇上，督造上好的贡茶，并通过斗茶，选择贡品的情形。

　　在宋徽宗的《大观茶论》中对斗茶也有记载："天下之士励志清白，竞为闲暇修家之玩，莫不碎玉锵金，吸英咀华。较箧笥之精，争鉴裁之别。"另外，像南宋画家刘松年所画的

《斗茶图卷》表现出当时在集市上买茶斗茶的情形。元代著名画家赵孟頫的《斗茶图》，栩栩如生地展示出一幅斗茶情景。画面上一共四人，斗茶双方及各自仆人。斗茶者昂首挺胸，一副不服气的神态，一旁的仆人也在替主人跃跃欲试，表示不服。从中可以看出当时斗茶的风气。

宋代的茶宴，还多出现于寺院当中。中国古代的寺院，多修建于名山名水之中，环境幽静，树林密布。早在西汉时代，僧人就有在寺院周围种茶的习惯。至宋代，随着社会上茶宴斗茶风气的兴起，在寺院中举办茶宴，谈经论道，已成为寺院的一项活动。特别值得一提的是径山寺的茶宴。径山在现在的浙江省余杭区境内，径山寺建于唐代。这里树木葱茏，流水潺潺，山峦重重叠叠，在这样的自然环境中，读佛论道参禅品茗，可以说是再合适不过了。径山寺先由宋孝宗御书赐额："径山兴圣万寿禅寺"，后来又改名为"香林禅寺"，有"江南禅林之冠"之称。这里香火兴盛，僧侣很多，甚至常有国内及国外尤其日本禅僧云集此处，坐谈佛经。径山寺所在的地方也是著名的茶区，青山秀水香茶，自然促进了径山寺茶宴的兴起。而且茶可清心怡情的特性吻合了佛教修身养性的做法，寺院内饮茶之风日盛。每年的春季，这里都要举行形式讲究的茶宴。茶宴由主持法师亲自调茶，然后由近侍献茶于各位僧客。僧客们接茶后，不立刻饮下，而是闻香、观色、再饮茶。如此品赏一番之后，方可评论茶品，再谈经论道。到了明、清时代，进山上香品茗者仍络绎不绝。明代四位诗人王洪、王畿、王澍、王沂在游览了径山寺品尝了径山茶之后，曾四人联手作诗《夜坐径山松源楼联句》："高灯喜雨坐僧楼，共话茶杯意更幽，万丈龙潭飞瀑倒，五峰鹤树湿云收。碑含御制侵苔碧，径启昙花拂曙秋，还拟凌霄好风月，海门东望大江流。"

径山茶宴在当时的影响还远至海外，一些日本禅师就亲自到径山寺拜师取经。归国时，将这里茶宴形式带回本土。日本茶道就是在此基础上形成和发展起来的。

另外值得一提的是西藏喇嘛寺的大茶会，其规模壮观宏大，非一般茶宴所能比，有时参加者竟达数千人，有时举行许多天。

茶宴这种传统的方式，至今在我国许多地方还存在，不过是表现出更新的内容，如结婚茶宴、生日茶宴、文化茶宴及喜庆茶宴等。

斗茶这一古老的品茶赛事发展到今天就是评茶。由各地的评茶大师、茶学专家教授组成一个评委会，对茶的色香味形依次进行评价，这对于名茶的创制与发现，对于提高茶叶质量，无疑会起很大作用。

2. 趣味盎然、雅俗共赏的茶馆与茶摊

茶馆与茶摊都是用来饮茶的服务性场所。区别是：茶馆都有固定的场所；而茶摊地点不固定，一般是挑着茶担或推着小车卖茶，也有的是暂时搭一凉篷，摆上茶桌小凳，随时设摊收摊，因此，茶摊的流动性很强。茶馆的作用是为人们提供了一个既能品茶，又能聚会娱乐、议事叙情甚至打听消息、谈判生意的场所。而茶摊的作用比较简单，因为多设在车站、码头、公园、街道及其他公共场所，主要是供来往行人饮水解渴。

茶馆还有许多称呼，如在广东，人们称之为茶楼；在京津一带，则称之为茶亭。另外，有的地方还称为茶屋、茶室、茶社、茶肆、茶坊、茶寮等。在我国，茶馆是一种非常普遍的服务行业，无论是在北方和南方都存在着。尤其是在江南，大小城市及乡村都随处可见茶馆。老年人喜欢到茶馆品茶一壶，叙旧聊天，听听京戏，谈论世事；中青年人也爱与三五朋友在茶馆里品茗交谈，或交流信息，或沟通思想，或买卖交易，茶馆适合于社会上各阶层的人士。

在我国有关出售茶水的记载最早见之于《广陵耆老传》，其中有这样的记载："晋元帝时有老姥，每旦独提一器茗，往市鬻之，市人竞买。"这可以说是茶摊的雏形。到了南北朝时期，社会上品茗尚清淡的风气兴盛，当时出现了一种供人们喝水休息的场所茶寮，这可以说是茶馆的雏形。到了唐代，许多城市中已出现了卖茶的店铺，煎茶卖茶，客人只要投钱就可自取自饮，这在历史上也多有记载。这说明在唐代茶馆这种行业已发展起来。

茶馆的真正兴盛与繁荣是在宋代，尤其是以京城、交通要道及大城市为多。在孟元老的《东京梦华录》里就有详细的记载，从中可以看出，在北宋年间的汴京，茶馆、茶坊遍及集市，既有供人们白昼饮茶的茶坊，又有供人夜游吃茶的茶室。在反映宋代生活的古典小说《水浒传》中就有王婆开茶坊的描写。宋代茶坊适应各阶层的需要，既有为富家子弟开的高级茶楼，为士大夫文雅之士开的清雅的茶肆，又有为普通人开的茶室及集妓院、茶坊于一身的"花茶坊"等。宋代的茶坊名称别致，像"八才子"、"珍珠"、"宛家室"等等，都以名称招牌引人入胜，招徕顾客。

南宋时期，茶室负有盛名，尤其是当时的杭州，商业兴隆，茶坊鳞次栉比。当时的茶室布置十分高雅讲究，墙上名人字画，室内应时鲜花及盆景。条件更好一些的，则有鼓乐笙笛、吹吹打打，丝竹之声，不绝于耳。这样的环境，既是休息品茗的场所，又是交易聚会的好去处。

另外，在宋代，除固定的茶室外，还有茶摊和沿街走巷提瓶叫卖的卖茶者。这种卖茶方式作为茶室的一种补充，使茶水供给更加灵活便捷。因为饮茶已经成为当时人们生活中不可缺少的内容，所以，当时的一些饭店也以茶店命名，如"分茶店"、"分茶酒肆"等。这些店面都比较大，除供应茶外，每天都有规定的菜目供应。在当时，人们还习惯于把饮食的内容称为"茶饭"、"茶食"、"茶果"、"茶水"等等。从这些方面都可以看出茶业与茶馆文化在宋代的兴盛。

古代时，有一种"茶博士"的称谓，用来称呼茶馆、茶坊中接待客人的人。这个称呼的由来，最早见于古时杭州富家的茶宴，指专供茶事的人，后泛称茶馆中接待侍奉茶客的人。

至明代，茶馆有了进一步发展，制茶技术发展，茶叶质量提高，泡茶时的器皿、水质、煮茶的火候都已十分讲究。

对此，明代文学家张岱在其《陶庵梦忆》中作了这样的描述："崇祯癸酉，有好事者开茶馆，泉实玉带，茶实兰雪，汤以旋煮，无老汤。器以时涤，无秽器。其火候、汤候亦时有天合之者。"

清代，饮茶之风遍及全国，尤其是在北京，茶馆成为达官贵族、八旗子弟闲来消遣的好去处。当时，清人有一位叫杨咪人的曾作过一首打油诗，非常形象地描述了这种情形："胡不拉儿（某种鸟）架手头，镶鞋薄底发如油。闲来无事茶棚坐，逢着人儿唤'呀丢'"。一首打油诗将游手好闲的上层子弟闲坐茶棚的无聊闲散相栩栩如生地描绘出来。

清朝时的北京茶馆大致有三类，一类是类似广东茶楼的茶馆，酒饭茶点兼备；二是只喝茶不供酒饭的清茶馆，但多备有象棋和谜语，供人"手谈""笔谈"，以此招徕茶客；三是野茶馆，类似茶摊，通常是树下搭一凉棚，土台土凳粗茶碗，用大碗茶招待过往行者。

乾隆、嘉庆年间，北京的茶馆和曲艺结合，人们可以一边品茶，一边欣赏曲艺。也可自带茶叶，只付水资。过去，北京的许多剧场也叫茶园，如现在的吉祥戏院旧称吉祥茶园，大众剧场旧为天乐茶园。著名的相声大师侯宝林先生自称来自平地茶园，这是一种既没有舞台，又无茶水的地摊，光顾者多是下层人民。

在南方的一些大城市，此时已有茶馆出现。像上海的一洞天、丽水台茶楼，三层高阁，气派不凡，从早到晚，茶客不断。再后来，又有了仿广东式的茶楼如易安居、大三元等等。这里已成为三教九流聚会交际、探听新闻、洽谈买卖的重要场所。

广州的饮茶之风也日渐兴盛，出现于清代的二厘馆，既供茶水，又有各样价廉物美的点心，适合劳动者光顾。中高档次的茶楼以各式风味独特的点心名菜招徕顾客，如陶陶居、惠如楼等。一天当中，备有早、中、晚茶三市，备有干蒸烧卖、叉烧包、猪油包等广东人爱吃的点心，一杯茶，一碟喜欢的点心，足可让人领略广东茶楼的独特风味。

再如，江苏南京的著名茶肆鸿福园、春和园，临水而建，风光怡然。茶肆内备有龙井、毛尖、云雾等各色名茶，并有春卷、烧卖、酥油饼、水晶糕等供顾客随意享用。在杭州，茶馆遍布西湖各个景点，人们可一边品茶，一边欣赏风景如画的西湖风光。在云南、四川一带，许多茶馆依山傍水。茶室内竹椅藤榻，别具风味。

如今，茶馆、茶摊几乎遍及我国的城市和乡村，既有古色古香、高贵典雅的茶馆，又有颇具现代气派的茶楼茶室，更有价廉普通的茶棚茶摊，它们以各自的形式，为人们提供了一个品茗聚会、休息娱乐的场所，深受各阶层人士的喜爱。

3. 其乐融融的茶话会

茶话会是指一种备有茶点的集会，它不像古代的茶宴那样奢华隆重，也不像日本茶道那样细致精雅、讲究规矩。茶话会在形式上比较朴素，布置上也十分简单，大多是或用圆桌分开围坐，或用方桌拼成一字形围坐，洁白的桌布上备有茶杯、茶壶，有条件的可以布置上时令鲜花，准备一些新鲜水果及各色点心。茶话会的形式既庄重又随和，一般是由主人简单致辞后，宾主之间、朋友之间，就可一边品茗及品尝水果糕点，一边谈论时事，交流思想，畅所欲言，增进友谊。以茶会友，以茶助话，品茗叙谊，其乐融融。

作为祖国传统茶叶文化的一部分，茶话会也有千年以上的历史了。一般认为，茶话会的出现，与历史上的茶宴、茶会和茶话有关。茶会一词最早在唐代诗人钱起的诗中出现，钱起的《过长孙宅与朗上人茶会》描述了参加茶会的情景，表现了参加茶会者的感受及欢乐心情。其中有这样的诗句：

"偶与息心侣，忘归才子家。玄谈兼藻思，绿茗代榴花"。钱起的另外一首诗《与赵莒茶宴》对茶宴的情形作了生动描述："竹下忘言对紫茶，全胜羽客醉流霞。尘心洗尽兴难尽，一树蝉声片影斜，"既赞美了茶宴，又写出参加茶宴者兴趣盎然的心境。"茶话"一词的出现晚于"茶宴"、"茶会"。茶话一词最早见于宋代方岳的《入局》诗。从这里可以看出，茶话会这种形式，在我国已经有一千多年的历史。后来随着历史的发展，茶文化的日益兴盛与传播，这种俭朴而文雅的社交集会形式不仅在我国被广泛运用，而且传至海外。如今，在世界各地，都把茶话会作为一种重要的交际方式。

如在英国，自 18 世纪以来，茶话会这种形式就十分流行。无论是在政界、商界、学术界及社交界，茶话会已是一种很普通很广泛的社交形式。尤其是在学术界，人们习惯于一边品茶，一边进行学术交流。据说，很多新观点新看法就是在这种聚会方式中探讨出来的。在剑桥大学，学者们将这种聚会与交流方式称之为"剑桥精神"，或"茶杯与茶壶的精神"。当时诗人波普曾经为茶话会这种形式写过一首诗：诗写道："佛坛上银灯发着光/赤色炎焰正烧得辉煌/银茶壶泻出火一般的汤，中国瓷器里热气如潮漾/陡然地充满了雅味芳香/这美好的茶话会真闹忙。"诗中很形象地描述出英国式茶话会的景象。

另外，在日本及东南亚许多国家，茶话会作为一种社交聚会形式，在许多社交场合及商业文化活动中都可以看到。

随着社会的发展，在今天，茶话会这种朴素随和的社交集会方式已受到越来越多的人的喜爱，并且被广泛地加以运用。各种名目的茶话会应运而生，像辞旧迎新茶话会、学术茶话会、迎新茶话会及各种节日如教师节茶话会、老人节茶话会等等，不一而足。

4. 大雅之堂——音乐茶座

音乐茶座是一种以品茶、欣赏音乐为主要内容的典雅的文化娱乐场所。它包括了品茶赏乐两个方面，格调清雅，内容别致，茶与音乐相得益彰，称得上是大雅之堂。

音乐茶座这种形式在我国古已有之，在我国古代的茶宴中，就有一边品茶、一边欣赏歌舞音乐的记载。宋代的一些茶坊、茶肆里，一边品茗，一边又可欣赏到鼓乐吹奏及相声评书。清代的上海茶楼及北京茶馆里，也时常听到艺人们的说唱。这些可谓音乐茶座的雏形与演变。

但音乐茶座在我国的普遍出现，却是在进入 80 年代以后。

随着改革开放的发展，文化娱乐、文化交流的不断增强，在一些大中小型城市，音乐茶座如雨后春笋般地涌现出来。在宾馆、车站、码头、大街小巷，各种档次的音乐茶座吸引着人们，尤其是一些年轻人。音乐茶座在内容和形式上也在不断丰富和更新，优雅幽静的环境，配以柔和温馨的灯光，伴以轻松典雅的音乐，条件好一些的地方还可以设有舞池，人们在品茗欣赏音乐之余，伴着音乐翩翩起舞，不失为一种美好轻松的享受。因而，音乐茶座以其文明、雅致而浪漫的特点而独具魅力。

（三）实用与审美兼备的饮茶器皿——茶具

1. 茶具的发展和演变

茶具的历史几乎是和饮茶的历史一样漫长的。当人类从神农时代的茶为药用，即咀嚼新鲜茶叶发展到生煮羹饮的食用后，茶具的历史也就开始了。不过在原始时代，人类生活十分简单，无论是饮食起居还是与之相应的器具，都处于一种原始朴素的时期。茶具也是这样，而且饮茶处于最初的从药用到食用的阶段，没有专门的茶具，茶具是与其他食具共用的，最初用的是土缶器具，以后发明了黑陶。黑陶发明的历史距今也已经有几千年了。

最初的饮茶，是将茶的鲜叶放在锅中煮成羹汤而食用，与煮汤菜大致相同。当人类进入奴隶社会之后，茶成为奴隶主和贵族阶层的特殊奢侈品，就有了相应的茶具，包括煮茶用的锅，茶碗及放茶的罐等。人类进入封建社会后，随着饮茶的发展，茶具开始变得讲究，陶器茶具变得考究起来，瓷器也已出现。

因为古代茶叶制作和饮茶方式经历了一个漫长的发展过程。那时的茶叶由鲜叶到饼茶到小凤团茶再到散茶，形式上不像今天主要以散茶为主，饮茶方式也不同于现在的冲泡，而是先要把饼茶碾碎，再放入锅中或壶中烹煮，因此古代的茶具就不但是指茶壶、茶碗，而包括了所有采茶制茶及煮泡茶的器具。陆羽作《茶经》时，把采茶制茶的工具称为茶具，将烹茶泡茶的器具称为茶器。宋代时将两者合称为茶具，时至今天，人们已大多都习惯用茶具称呼了。

古代人煮茶泡茶方式繁杂，陆羽在其《茶经》第四部分"四之器"章中就列有29件，可以看出，到唐朝时，茶具的发展亦十分可观。这29件茶具中包括了煮茶、炙茶、贮茶及饮茶时用的各种器具，像风炉、火夹、竹夹、碾、罗、锅、交床、瓢、水方、碗、巾等，可以说是事无巨细，将煮茶饮茶全部过程中用到的器具都包括进去了。但这些茶具过分繁杂，一般人家不容易办到。讲究的人家一般备有 24 件精致茶具。宫廷中茶具多以金器为主，普通百姓多用陶瓷茶具，当时的陶瓷以青釉和白釉为主。

到了宋代，茶多是团饼茶，碾茶之后方可烹饮。茶具比之《茶经》中提到的减少了，一般包括 12 件。茶壶茶碗中出现了以紫砂制成的名贵品种。但民间还是多用瓷器制成的茶盏，包括黑釉、白釉、青白釉、酱釉等品种。除茶盏、茶盅之外，普遍还用一种盅托。到元代之后，茶具开始简化。清代后，除少数民族之外，瓷器茶具和玻璃茶具成为茶具中的主要品种。

2. 常见的茶具种类

抛开古代人繁杂的煮茶、饮茶方式，一般所指的茶具，主要是包括茶碗、茶杯、茶壶、茶碟、茶盏、托盘等喝茶时用的茶具。我国茶具种类繁多，劳动人民在长期的生产制作过程中，利用不同的原料，凭借着能工巧匠们的一双双巧手，制作出了各种质地与形式的茶具。在历史上出现过的就有陶器、铜器、金器、银器、锡器、玉器、瓷器、木器等茶具，它们从不同侧面反映出茶文化的演变过程，反映着劳动人民的智慧。这里介绍几种主要的茶具：

陶土茶具 陶土茶具出现的时间最早，历史最悠久。它经历了一个从最初粗糙的土陶发展为比较结实的硬陶、再到表面上敷釉的釉陶这样一个发展过程。

在陶土茶具中，宜兴生产的紫砂茶具是其中的佼佼者。

宜兴紫砂茶具，最初出现于北宋时期，到了明代，成为一种非常普遍的饮茶器具。紫砂茶具与其他敷釉茶具不同，是用当地的红泥、紫泥、团山泥烧制而成，里外都不敷釉，造型朴素简单，整个茶具看起来古香古色、拙朴古雅。经这种茶具泡出来的茶不走味，传热慢，茶壶盖上有气孔，能吸收水蒸气，不致使盖上形成水珠，滴在茶中搅动茶水，使茶水发酵，因而热天泡茶不易酸馊。因为经过高温烧制，即使将茶壶放在炉子上煨炖也不易破裂。而且使用年代愈久，色泽越发光润典雅，泡出来的茶越发香气醇厚。因此，这样的茶具往往被人们视为茶具中古朴高雅的珍宝。

紫砂茶具以茶壶最为珍贵。宋代著名的大词人苏轼一直喜欢一种提梁式的紫砂茶壶，后来这种提梁壶被称为"东坡壶"。明代文震亨在其《长物志》中有这样的记载："壶以砂者为上，盖既不夺香，又无熟汤气。"一语道出了紫砂壶蕴藏茶香又不使茶叶烫熟的特点。

紫砂茶具发展到明清时代在制作技艺上十分成熟。明代出现了两位紫砂工艺大师供春和他的徒弟时大彬。供春在幼年时曾经是一个进士的书童，天资聪明，颖悟力强。在陪主人读书于宜兴金沙寺时，闲来无事，常帮老和尚抟坯制壶。他观察力很强，常常模仿着寺院里银杏树的树瘤，捏制一些树瘤壶，造型独特，惟妙惟肖。老和尚见他聪明好学又有悟性，就把自己全部造壶技术传授于他，使他成为有名的制壶大师。供春当时制作的壶，工艺独特，造型新颖精致，质地薄但坚实，被誉为"供春壶"，并有"供春之壶，胜如金玉"的说法，可见供春壶的珍贵。

供春的徒弟时大彬，青出于蓝而胜于蓝，他在师法师傅的基础上，又有突破和创新。时大彬以作小壶而著名。他所做的壶大都小巧玲珑，易于置于掌上欣赏把玩，点缀在精致的案几上，精巧雅致，适合雅士文人品茗时的精致情致。在当时，许多人十分推崇时大彬，并有这样的诗句："千奇万状信手出"，"宫中艳说大彬壶"，可见大彬壶在当时的价值。

清代制作紫砂茶具的工艺又有很大提高。当时出现了几位宜陶名家，他们是康熙年间的陈明远、乾隆嘉庆年间的杨彭年、道光年间的邵大亨。陈鸣远制作的茶具大多在壶盖上刻有"鸣远"印章，他的茶壶制作工艺极巧，制作精致，轮廓分明，至今仍是收藏家心目中的珍品。在美国的西雅图艺术馆收藏有他制作的"梅干壶"，壶上用堆花手法将梅花堆塑而成，整把壶看起来如同一尊雕塑，梅枝生动，栩栩如生。他还制作了一种三友壶，壶身用清雅高洁的梅枝、松枝、竹枝塑造而成。松竹梅岁寒三友，体现出中国人特有的理想与情怀。而将壶盖隐于枝干的横切面中，上加两只小鼠，可谓情趣兼具，气韵独具。嘉庆年间杨彭年制作的茶壶，被誉为"当世杰作"。其特点是信手捏制，浑似天然。杨彭年制作的茶壶，在很大程度上得力于任当时溧阳县令的著名金石书画家陈曼生的帮助。陈曼生工诗文书画与篆刻，他酷爱茶壶技艺，在公务之余，设计了新颖别致的十八壶式，由杨彭年制作，再由陈曼生镌刻诗句于其上，当时被称为"曼生壶"。曼生壶的出现，开创了紫砂壶制作上的新风气，即将诗书墨宝篆刻于其上。70 年代，上海曾发现陈曼生篆刻的一把紫砂竹节壶。这把壶色泽上紫黑透红，但红而不艳，给人感觉和谐端庄。壶身造型仿竹而又不全像竹，造型庄重大方，纹饰清晰流畅，可以说茶壶制作与铭刻珠联璧合，相得益彰。

时至今天，紫砂茶具这一古老的艺术仍然被人们所喜爱，它由原先的几十个品种发展到了 600 多个品种，并远销海外，尤其为日本朋友所喜爱。

瓷器茶具　瓷器在我国的出现比陶器晚，但自从瓷器发明之后，就逐渐代替了陶器，成为饮茶的主要用具。

瓷器茶具如果以花色分，可以分为白瓷茶具、青瓷茶具和黑瓷茶具三种。如果以主要产地分，著名的茶具又有景德镇白瓷茶具、浙江青瓷茶具等。

景德镇茶具：说到景德镇，一般人都能联想到这里生产的瓷器，早在唐朝的时候，景德镇生产的白瓷就因其质精瓷薄，享有"假玉器"的美称，至今，历经千年而盛誉不衰。

景德镇原名昌南镇，位于江西省，早在唐代时，这里的瓷器就远近闻名。北宋景德元年（公元 1004 年），宋真宗下令在这里建办御窑，并将昌南镇改为景德镇，从此，这里生产的茶具就称为景德镇茶具了。北宋时，景德镇以生产白瓷茶具著名，茶具质地光薄，白里泛青，十分雅致，而且表面已有釉彩、刻花、印花等装饰。

景德镇的青花瓷茶具始自元代。青花瓷茶具典雅光润，不仅为国内饮者所珍爱，而且还远销海外。

明朝时，景德镇因其在制瓷工艺上的独特地位而成为全国瓷器中心。景德镇瓷器又在原来青瓷的基础上，创造出了许多彩瓷，而且无论是造型、线条还是质地、色彩方面都十分独特、光润、艳丽。因景德镇瓷器在我国瓷器制造上的贡献，使我国在国际上获得了"瓷器之国"的地位。在当时还有这样的说法："成杯一双，值十万钱"，可见景德镇瓷器的珍贵价值。

景德镇瓷器发展到清代已十分繁荣，景德镇的声誉与名望吸引了各地制瓷专家名手云集于此。他们切磋技艺，不断创新，除生产白瓷、青瓷及五彩瓷外，还创制了珐琅、粉彩两种新的形式。尤其是珐琅彩瓷，胎质洁白，薄如蛋壳，工艺与质地都达到了相当高超完美的境地，成为供宫廷使用的特殊工艺品。

说到景德镇的茶具，不能不提到景德镇的瓷釉色彩。我国的瓷器向来注重色釉装饰，景德镇也不例外。其中祭红、郎窑红是明清时代创造出的名贵色釉精品。祭红是一种颜色红里透紫、红而不艳，色彩上给人感觉深厚、沉稳、安定的红釉瓷器，这种红釉瓷烧制难度大，成品量少，因而十分珍贵。又因宫廷皇室多用这种瓷器作祭器，因而这种红釉瓷被称为祭红。当时，为适应宫廷贵族需要，制作此种瓷器时，时常动用玛瑙、宝石、珊瑚、珍珠、黄金等名贵原料，因而这种祭红瓷器越发价值连城，身价不菲。另外，郎窑红、钧红等彩釉瓷器也大都色彩艳丽，绚烂多姿。

景德镇茶具发展到今天，已达到相当完美的程度。其优美雅致的造型、光洁如玉的质地、柔和华贵的色彩，使景德镇茶具历经千年而盛名不衰。在清新优雅的环境里，用景德镇精致玲珑的茶具，泡一杯色泽艳丽的红茶或芽叶分明、色泽碧绿的绿茶，在品茗啜香之余，细细体会景德镇瓷器"白如玉、声如磬、薄如纸、明如镜"的质地与韵味，的确不失为一种美的享受。

浙江青瓷茶具　青瓷茶具在我国已有多年生产历史，早在晋代已经开始，主要产地在浙江，包括浙江的绍兴、余姚、肖山、龙泉一带。其中产于浙江西南部龙泉县境内的龙泉青瓷，以其造型古朴、釉色青翠而著称于世，被誉为瓷器中的"瓷器之花"。

龙泉青瓷茶具，早在唐代以前就已十分著名，陆羽的《茶经》中对龙泉及浙江境内的青瓷制品都有生动的论述。宋代时，我国瓷器生产进入了一个竞争的时代，龙泉青瓷的制作也进入了一个鼎盛时期。这时，出现了两位著名的造瓷艺人，他们是章生一、章生二兄弟俩，他们的瓷窑被称为"哥窑"和"弟窑"。他们的作品无论是造型和釉色都领异标新、风格独具，达到了相当高的水平。哥窑被列为瓷器生产的五大名窑之一，弟窑被誉为五窑之冠。

哥窑、弟窑的作品都属瓷器中的精华但又显示出不同的风格。哥窑瓷器，胎薄质坚，釉彩饱满厚实，色泽上静穆肃雅；弟窑制品胎质厚实，釉色青翠，色泽光润清纯。弟窑瓷器在颜色上以粉青、梅子青为主，或酷似青玉，或宛若翡翠，达到了青瓷艺人追求的"釉色如玉"的至美境界。在花样设计上，哥窑瓷追求美观、自然，其表面显现的"鱼子纹"、"牛毛纹"等，浑然天成，巧夺天工。弟窑的设计清新活泼，或在瓶肩饰一只虎，一条龙，或两只凤鸟，形神兼具，惟妙惟肖；或在荷叶状的碗口饰一只龟或两尾鱼，于经意与不经意间，显示其独特的魅力。

宋代的龙泉青瓷已发展到很高水平，不仅行销国内，而且出口国外。16世纪时，青瓷茶具传入法国，完美的造型与青翠欲滴的色彩，使酷爱艺术的法兰西人为之惊叹。他们为此爱不释手，甚至找不出合适的名称来称呼它。当时，正值名剧《牧羊女》风靡法国与欧洲，浪漫而风趣的巴黎人认为，只有剧中那个美丽的女主角雪拉同的美丽青袍可以与龙泉青瓷媲美，于是，他们就将龙泉青瓷称之为"雪拉同"，而且这种称呼一直沿用至今。

除景德镇及龙泉茶具外，产于福建泉州的福建德化瓷、产于湖南的湖南醴陵瓷都以其瓷质洁白如玉、色调古雅宜人、造型新颖雅致而成为瓷器茶具中的精品。

关于黑瓷茶具 景德镇茶具及龙泉茶具大多是白瓷及青瓷制品，除青瓷及白瓷外，在我国的瓷器茶具中，还有一种黑瓷茶具。这种黑瓷茶具，古朴典雅，磁质厚重，保温性能优于青瓷白瓷，因而深受饮茶行家的喜爱。尤其是在宋代，斗茶之风兴盛，根据斗茶中所得的经验，行家们认为黑瓷茶盏易于显示茶的质地、汤色，用来斗茶更加适宜。因此，当时的斗茶者，都多用黑瓷茶具而不用白瓷青瓷，因而黑瓷茶具一时驰名而许多瓷窑争相模仿烧制。黑瓷茶具以福建建安窑生产的最为著名，另外，浙江余姚、德清一带也曾生产过上好的黑瓷，四川广元窑烧制的黑瓷，无论是造型、瓷色及纹路几可与建安瓷乱真。

玻璃茶具 玻璃茶具生产的历史比较短，但它一经出现，就有了迅速发展。玻璃茶具的特色是质地透明，饮茶者可以一览无余地观赏茶具内茶叶的形状、色泽及冲泡后的汤色，在品茶的同时，看杯中芽叶舒展，旗枪分明，芽叶朵朵，亭亭玉立，不失为一种美的享受。玻璃茶具的另一特点是外形可塑性大，色彩鲜明，或玲珑雅致，或晶莹剔透，观之令人赏心悦目，本身就是一件极好的艺术品。

除陶土茶具、瓷器茶具、玻璃茶具外，还有漆器茶具、竹木茶具，历史上还曾有金、银、铜、锡等制成的金属茶具等，另外，历史上的达官贵人为显示其富有高贵，还曾用过玉石茶具、玛瑙茶具、水晶茶具等，但这些都因其昂贵不实用，因而非常少见。

3. 茶具的选择与使用

我国茶具种类繁多，从历史上出现的茶具看，就有陶器、瓷器、金属、玉器、玛瑙、漆器以及景泰蓝等各种不同质地不同材料制成的茶具。到了现代，人们主要以陶器、瓷器茶具为主，同时又使用玻璃茶具、搪瓷茶具。我国的茶具，可以说是千姿百态，品种众多。而且我国地域辽阔，人口众多。各个地区、各个民族饮茶习惯不同，饮茶种类相异，因此在选用茶具上也有很大差异。如东北、华北一带，以饮花茶为主，多数都用较大的瓷壶泡茶，然后斟入茶碗中饮用。江苏、浙江一带，以饮绿茶、红茶、乌龙茶为主，有的习惯用紫砂茶壶，有的则用盖瓷杯饮用。四川人喜欢用盖碗杯，盖碗即有盖的瓷碗，口大底小并且带盖，下面有一个小茶托。选择茶具，在一定程度上与选择茶叶一样重要。茶具的优劣，对茶叶冲泡的质量及饮茶者的心情都有影响。不同的茶叶需要不同的茶具冲泡。茶具的选择实际上也体现着饮茶者的文化修养、习惯爱好及审美情趣。可以说，茶具既是实用品，又是观赏品，同时，好的茶具又是一件艺术品及极好的馈赠礼品。

现在流行的茶具中，以瓷器、玻璃茶具居多，陶器次之，搪瓷更次之。如果以冲泡茶叶效果来看，瓷器茶具、陶器茶具效果最佳，玻璃茶具次之，搪瓷茶具更次，具体说来，可以根据各类茶具的特点，作如下选择。

瓷器茶具，这是在现代生活中使用最多最广泛的一类茶具，其特点是，冲泡茶叶后，杯身传热不快，保温适中，无任何异味，不发生任何化学变化，能使茶保持原有的色香味。而且现代生产的瓷器茶具，无论是造型、图案、质地及手感几乎都无可挑剔。因此，可以说，瓷器茶具几乎可以用来泡各种红、绿、花茶，而且适合各个阶层、各个年龄阶段的人在各种场合使用。一般人选择瓷器茶具，最好选择简洁淡雅、明快大方的色调的，如疏淡有致的山水，细致的边花，淡雅的花朵等。这样一些色调的茶具，尤其适合中年人、知识阶层的人及女性使用。在机关及宾馆这样的场合，一般要求色调上比较简单端庄，图案最好是青花式简练的色带。而在乡镇及农村，可以选择适合中国农民欣赏趣味的新鲜、浓艳的色彩及图案，如牡丹、月季、莲花等，富有一种民俗的喜庆气氛。

由此可见，瓷器茶具应用范围最广。但瓷器的一个弱点是，不透明，上好的绿茶冲泡后，难以观赏。

陶器茶具，陶器茶具最明显直观的特点就是色调沉稳古雅，造型古朴大方，古香古色，别致端庄。特别是陶器中的珍品宜陶——宜兴紫砂壶，壶面壶身由书、画、印铭刻而成，或松枝，或竹叶，或梅花，古朴清雅，庄重大方。由于紫砂茶具制作原料及工艺上的特点，用它来泡茶，既不夺茶真香，又无熟汤气，且久放不变味。有一个这样的传说，一个泥瓦匠在盖房屋时，将一个宜陶茶壶放在屋顶的天花板上，完工的时候忘了带走。许多年之后，当房屋需要修理时，人们在屋顶上又发现了这把茶壶，却惊奇地发现，壶内茶的汤色、香气、滋味竟丝毫未变。这个传说虽然有些夸张、神奇，但却道出了紫砂茶壶的性能与特点。因为宜陶在性能与外观上的特性，比较适合老年人使用，也适合一些讲究茶道的人使用。在清雅的气氛里，用宜兴紫砂壶，泡一杯乌龙茶，边品茗边欣赏茶具，或再观赏一下室内陈设的书画作品，一种古典的文化意味也就尽在其中了。

玻璃茶具，这种茶具的特点是透明性强，宜于观赏杯中茶叶的汤色，且玻璃茶具造型美观精致，花色图案或古朴，或华丽，或淡雅，或浓艳，千姿百态，花色众多，本身就是一件上好的艺术品。玻璃茶具因其透明的特点，特别适合泡饮上好的绿茶名品，如碧螺春、龙井等。在雅静宜人的气氛里，泡一杯上好的龙井，用一只色泽清淡的玻璃杯，看杯中轻雾缥缈，一枚枚旗枪分明的芽叶在杯中徐徐舒展，在水中慢悠悠地飘浮降落。杯中茶汤，澄清碧绿，芽叶朵朵，亭亭玉立。观之令人赏心悦目，举杯闻香啜饮，一定是唇齿生香，别有风趣。因此，玻璃茶具特别适合泡绿茶中的名品。

搪瓷茶具，是一种以金属为胎质，搪瓷敷外制成的茶具。

特点是光泽艳丽，耐用性强。但不及瓷器、陶器雅观别致，适合于在田间地头、工厂车间使用，不可登大雅之堂。

（四）饮茶用水与讲究冲泡

在我国，几乎人人都爱喝茶，家家都备有茶叶。但是，真正懂得喝茶并能冲泡得法的人并不是很多，这里有对冲茶用水的讲究，也有冲泡得法的讲究。

关于冲茶用水，古人十分讲究，陆羽在其《茶经》"五之煮"章里就对煮茶用水作了一番研究，认为烹茶用水，山水上，江水中，井水下。而且山水以乳泉慢流者上，江水取去人远者，井水取汲多者。可见古人认为山上的泉水最好，江水次之，井水最次。陆羽对煮水的沸度都十分讲究，认为煮沸程度如鱼目微有声，为一沸；边缘如涌泉连珠，为二沸；腾波鼓浪，为三沸。过了三沸，水就煮得过老，就不可以用来冲茶了。

古人对于水之于茶的认识很深，认为水质的优劣直接影响着茶的品质，水不好，就影响着茶的色香味。在古人看来，杭州的"龙井茶，虎跑泉"是浙江茶水双绝；名闻遐迩的"蒙顶山上茶，扬子江中水"堪称茶与水的最好搭档。名泉名水伴名茶，可谓相得益彰，美不胜收。

1. 关于泉水、江水与自来水

古代人以为泉水泡茶最好，江水次之。应该说，这种看法是客观而准确的。我国是个泉水资源丰富的国家，如果举其著名泉水就有百处之多。这里仅举排名前五位的中国五大名泉。

镇江中泠泉 位于江苏镇江的中泠泉被视为第一泉，唐代时候已远近闻名。中泠泉又名南零水，原是位于镇江金山西边长江水中的一个盘涡险处，因而取之极难。对中泠泉水，诗人多有描述，如南宋诗人陆游的"铜瓶愁汲中濡水（南零水），不见茶山九十翁"。诗人文天祥也有这样的诗句："扬子江心第一泉，南金来北铸文渊，男儿斩却楼兰首，闲品茶经拜羽仙。"从这些诗中可以看出镇江中泠泉的珍贵。可惜的是，因为江滩扩大，中泠泉已与陆地相接，如今的中泠泉不过是一个景观罢了。

无锡惠山泉 位于江苏无锡的惠山泉，有天下第二泉之称，一定程度上比其他泉水更为著名。此泉于唐代开凿，距今有1200多年历史。元代大书法家赵孟頫曾在泉畔石上书刻有"天下第二泉"几个大字，苍劲有力，使此泉更加声名远扬。历代王公贵族都喜爱以惠山泉水泡茶，传说唐朝宰相李德裕为饮上惠山泉水泡的茶，特别命人用坛子将泉水运往长安，舟车劳顿，劳民伤财，惊扰地方。当时诗人皮日休就借杨贵妃吃荔枝的故事，作了一首讽刺诗："丞相长思煮茗时，郡侯催发只忧迟。吴园去国三千里，莫笑杨妃爱荔枝。"这首诗意在讽刺，但从另一侧面写出了惠山泉水的珍贵。

苏州观音泉 位于江苏苏州的虎丘旁，为天下第三泉。

杭州虎跑泉 关于虎跑泉，有一个传说故事。相传在唐代时，有和尚名叫性空，他游方到杭州西湖时，见这里风光秀美，景色宜人，就想在此处建一寺院，但因为这里缺少水源，性空无可奈何。或许是性空心诚则灵，夜晚梦见神仙相告："南岳衡山有童子泉，当夜遣二虎迁来。"果不其然，第二日有两只老虎刨地凿泉，泉水甘甜，虎跑泉因此而得名。其实，这只是个传说，虎跑泉所以甘洌甜美，实际上得益于这里的地质。虎跑泉因其水质，被列为第四泉。关于虎跑泉，还有"龙井茶、虎跑泉"为杭州"双绝"的说法。

济南趵突泉 山东济南，素有泉城之称。在济南城市内，有 72 泉，趵突泉为 72 泉之首，被列为全国第五泉。

用上述五泉中的水泡茶自然是锦上添花、美不胜收。除泉水之外，江水、河水及地下长年流动的水用来沏茶都不逊色。宋代诗人杨万里曾有过这样的诗句："江湖便是老生涯，佳处何妨且泊家，自汲淞江桥下水，垂虹亭上试新茶。"

除泉水与江水外，古人又极重视雪水，认为雪水是天泉。在《红楼梦》第 41 回里，当宝玉、黛玉、宝钗等一行人随着贾母来到妙玉的栊翠庵时，妙玉在招待了贾母之后，又和宝、黛、钗三人一起吃"梯己茶"，用的水就是旧年从梅花蕊的雪水，其清芬醇香自然是无可比拟。关于用雪水烹茶，古人在诗中也多有描述，像白居易《晚起》诗中的"融雪煎香茗"，宋代词人辛弃疾《六幺令》词中的"细乌茶经煮香雪"，都是描写用雪水烹茶的情景。自然界中来自天上的甘霖，用它来泡茶，自然有一种无可比拟的韵味，雨水也是如此。

用泉水、江水、雪水、雨水等来泡茶固然美妙，但由于受气候、地理条件等的限制，并不是随时都可获得。现代人泡水主要还是以自来水为主。自来水，一般是指经过人工净化、消毒处理后的江水或湖水。但是因为在净化消毒过程中用了氯化物，有时氯气会过重。这样的水如果在缸中贮存一晚上，等氯气自然消失后用来泡茶就可以了。

2. 讲究茶的冲泡

当有了好茶、好水之后，冲泡茶的方法是否得当也很重要。如同外国人的煮咖啡，调理得当就会得到一杯香味浓郁醇厚的咖啡。煮茶泡茶也是如此。

古人对煮茶方法十分讲究。传说唐代智积和尚十分懂得品茶，以至于非陆羽煎的茶不饮。当时代宗皇帝便召智积和尚进宫，试一试是否如人们传说的那样。代宗先让擅长煮茶的好手煮了一杯茶给智积和尚，谁知他略一沾唇就放下了。

皇帝又密召陆羽进宫，智积和尚喝到陆羽煮的茶，十分欣喜，一边品茶，一边赞叹说："这碗茶真像是陆羽亲手做的！"皇帝这才信服，并召出陆羽出面与智积和尚相见。

关于煮茶，古人最看重的是水煮的老嫩，讲究水的温度，水过分老则不可食。宋朝蔡襄在其《茶录》中这样写道："候汤最难，未熟则沫浮，过熟则茶沉，前世谓之蟹眼者，过熟汤也。沉瓶中煮之不可辨，故曰候汤最难。"这里实际上讲的是煮茶的水温、时间要得当。

现代研究证明，因为茶叶的种类等级不同，泡水多少及水的温度不同，茶叶冲泡后浸出的化学成分及茶的风味就有很大差异。茶叶中能溶于水的化学成分约有 200 种左右，如咖啡因、蛋白质、氨基酸、维生素、茶多酚、果胶质等。一杯理想的茶，既要让茶叶中可溶于水的化学成分充分溢出，又要使各种成分适当协调。这就需要掌握好泡茶的水温及用水量的多少，这样，才能使茶汤中的儿茶素与氨基酸等有效成分的比例恰当，冲出的茶汤才能味浓甘鲜、汤色清明。

用水量 如果一杯茶用水过多，会使茶汤变淡，而且因为用水量大，易使茶叶烫熟，破坏茶中的有效成分，特别是维生素 C；用水量过少，会使冲泡出来的茶汤苦涩。一般要求细嫩高级的茶叶用水量宜少一些，粗老的茶叶用水量宜大一些。

水的温度 煮得过分滚烫的水，古人称之为"水老"，容易损失茶的有益物质。如果水温低于 100℃，又容易使茶浮水面，茶的有效成分渗透不出来，茶味淡薄。在高原地区，因为气压低，水温不到一百度就滚沸，用来泡茶，极不理想，所以在高原地区水应煮得老一些。茶叶的嫩老和水的温度是成正比的。越嫩的茶叶水的温度要求可以适当低一些，如上好绿茶，水温可以略低一些，低级的绿茶则要求 100 度左右。

　　总之，要获得一杯好茶汤，不仅要好茶好水，好的泡茶方法也十分重要。除了一些基本知识外，个人可以根据自己的经验，在实践中摸索，探讨泡茶的好方法。在冲茶品茶的过程中，拥有一种好心境，好品味，也是一件自得其乐、乐在其中的事情。

五、茶文化集锦

茶文化是中国传统文化的重要组成部分，是中国俗文化中的一项重要内容。在长期的饮茶历史发展演变过程中，茶不仅成为人们日常生活中的必需品，而且与精神生活、文化生活的关系日益扩大与加深。茶与宗教、茶与文学艺术等的相互联系与渗透，从而产生了茶文化丰富多彩的形式与内容，它日益丰富着人们的生活，成为人们精神文化生活的重要内容。

（一）茶与佛教

佛教是世界三大宗教之一。它的发源地是在古印度，公元前6—5世纪，古印度迦毗罗卫国（即今尼泊尔境内）的王子悉达多·乔答摩创立佛教，后来，佛教徒尊称他为释迦牟尼。

佛教最初在西汉年间由西域传入我国，但在我国的正式流传，是在东汉初年。随后经过魏晋南北朝时期的发展，逐渐在中国扎下了根。但佛教在中国的鼎盛，却是在隋唐时期尤其是在盛唐阶段。

茶与佛教的关系源远流长。伴随着茶的种植与生产的发展，伴随着佛教在我国的传播与兴起，茶与佛教之间，形成了一种相互促进的关系。一定程度上，佛教的兴起促进了茶叶生产与饮茶时尚的兴起，而饮茶又对佛教起了积极影响。

我们知道，佛教提倡参禅悟道，静心息虑。"禅"是梵语"禅那"的音译，翻译成汉语就是"修心""静虑"的意思。闭目静思，精心修养，容易昏睡，而茶中含有丰富的维生素和氨基酸，具有提神醒脑、消除疲劳、活跃思维、恢复元气的作用，有利于身心健康，有利于清心修行。因此，坐禅唯允许饮茶。又因为当佛教传入我国后，寺院多建于名山大川之间，这里的气候和环境非常适合茶树的生长，因此，在这些位于山水之间的寺院所在地都开始种植茶树。至今，在我国许多优质名胜的茶叶中，有相当多的一部分是在寺院种植和发展起来的，如西湖龙井、四川蒙顶、天台华顶、雁荡毛峰、武夷岩茶等。西湖龙井这一绿茶中的佼佼者就是在西湖畔的寺院里种植的，以胡公庙前的茶树为最负盛名。随着佛教的兴起，寺院僧人云集，香火日盛，以茶助清谈，以茶助功课，以求参禅悟道，遂成为一种风尚。茶与禅之间、茶与佛教之间，便结下了不解之缘。

关于茶与佛教的关系，历史上有许多记载与传说。据《封氏闻见记》记载，唐开元中，泰山灵岩寺大兴佛教，学禅务于不寐，又不夕食，唯许饮茶，于是人们争相仿效，遂成风尚。这段话讲的意思是泰山灵岩寺夜晚参禅，不吃晚饭，不能睡觉，但允许僧人饮茶。说明佛教的兴起，促进了饮茶的风尚。还有一个传说，唐宣宗询问一个百岁老僧人何以能够如此长寿，老僧的回答是："臣少也贱，素不知药性，唯嗜茶。"这里，既说明了茶与长寿的关系，又道出了茶与佛教的关系。

其实，茶与佛教的关系还可以追溯到魏晋甚至更早以前，在陆羽的《茶经》中就有两晋和南朝时僧道饮用茶叶的记载。不过，茶叶与佛教的广泛联系，还是在唐朝中期以后的事情。

饮茶与佛教所以产生这样广泛而深入的关系，还因为饮茶与参禅在气韵与精神境界上是相通的。参禅的过程是一个平心静气地调养身心的过程，要求静心息虑，深刻体味，专注精进，方能达到体悟佛性的境地，方能领略佛之真谛。而饮茶的过程，也是一个平心静气的体味品味过程。陆羽在《茶经》里提倡"精"与"俭"的茶道思想。"精"是指茶、茶具、茶水及烹煮过程要精心。"俭"指的是不奢华，这与佛教讲究戒律、讲究四大皆空有相通之处。在煮茶品茶的过程中，要平心静气，消除尘虑，喝茶时要仔细观色，细细品味，从而达到一个精神的净化与升华的境地。在这一点上，饮茶与参禅虽然形式不同，但在本质上却是相通的，可以说"茶禅一味"的说法是很有道理的。

因为茶和佛教的关系如此密切，所以，在中唐以后，在南方的许多寺院，出现了庙庙种茶，无僧不喝茶的风尚。像当时的"茶圣"陆羽，就是在寺院长大，曾跟随师父学习烹茶技术。关于寺院里种茶与僧人饮茶，在唐代诗人的诗中多有吟咏。如诗人刘禹锡在其诗《西山兰若试茶歌》中有这样的描述："山僧后檐茶数丛，春来映竹抽新茸。宛然为客振衣起，自傍芳丛摘鹰嘴。斯须炒成满室香，便酌砌下金沙水。"诗中描绘出唐朝寺院种茶饮茶的情形。确实，在唐朝的寺院里，房前屋后、墙里墙外，多有茶树种植。僧人们在打坐静修、参禅悟道之余，种茶、制茶、饮茶，一时成为一种风尚。诗僧齐己在《闻道林诸友尝茶因有寄》诗中这样吟道："枪旗冉冉绿丛园，谷雨初晴叫杜鹃。摘带岳华蒸晓露，碾和松粉煮春泉。"曹松在其诗《宿溪僧院》里有这样的诗句："少年云溪里，禅心夜更闲；煎茶留静者，靠月坐苍山。"翻看《全唐诗》，这样的诗句在其中并不少见，从诗中所反映的情形可以看出，僧人们在一天当中几乎一时一刻都离不开茶，诵经坐禅做功课要饮茶，休息纳凉下棋也离不开茶，有的高僧时常在嘴边挂着一句口头禅，就是"吃茶去"，无论是做什么，开口闭口总是一句"吃茶去"。寺院中饮茶之风之盛，如此也就可见一斑了。

饮茶与佛教这种密切的关系，还体现在茶作为佛教礼仪的供养品上。唐代的皇帝就常向寺院佛门赏赐茶饼。唐代的高僧在奉召为皇帝译经之后，皇帝又常常赏茶与佛门，充其供施。茶叶供给寺院之后，不仅是僧人饮用，而且还用来招待宾客。在佛门寺院里，都设有专门招待上等客人的茶寮和茶室。像苏东坡（或郑板桥）进寺院后，主持由淡漠至热情地说："坐，请坐，请上坐；茶，敬茶，敬香茶。"这个例子，可以看出寺院里以茶待客的情形。另如西藏的寺院里举行祈祷时，要用茶招待上千名参加仪式的喇嘛。

在古典名著《红楼梦》里，有一段情节描写妙玉在栊翠庵里与宝玉大谈茶事、茶道，暗藏禅机，深蕴哲理。文学作为生活的反映，从中可以看出茶文化与禅文化的相互影响。

（二）茶与文学艺术

茶，作为一种清雅高尚的饮品，自从进入人们的日常生活后，受到各阶层人士的钟爱。在我国，品茗赏茶一直被看作是一种富有雅趣的活动，因此，茶特别受到文人雅士们的青睐，茶与文学、与艺术结下了不解之缘。千百年来，在我国的诗词，歌舞、文章、书画中，以茶为题材的作品比比皆是，其内容之丰富，形式之多样，数量之众多，在反映饮食内容的作品领域是十分罕见的。文学艺术作为生活的一种反映，这些有关茶的作品，一方面反映出我国种茶、制茶、饮茶、赏茶的情况；另一方面，这些丰富多彩的茶题材作品，丰富着文艺领域，为我国文学艺术的宝库增添了清新高雅的内容。这是我国传统文化的一个重要组成部分。

1. 茶与诗词

中国是个诗词大国，中国又是茶的故乡。自从茶进入了人们的生活之后，茶就像酒一样为文人墨客所钟情所陶醉。千百多年的诗歌史上，咏茶诗词层出不穷，一枝枝生花妙笔写下了一篇篇才华横溢的诗词篇章。

(1) 关于茶诗的概念

说到茶诗，一般人有两种理解，一是专写茶的诗词，即诗中的主题和内容都是写茶，这是狭义概念上的茶诗。另一种理解是，茶诗是指诗词中提到茶的诗，这是广义的茶诗概念。在我国诗词当中，这种提到茶的诗词数量极大，唐代就达 500 首左右，而宋代多达 1000 首，如果再加上唐以前及宋以后的茶诗，大约数字在 2000 首以上，可以说是数不胜数，美不胜收，泱泱成大观了。我们这里提到的茶诗就是指这种广义意义上的茶诗。

(2) 关于最早的茶诗

我们知道，唐代以前无"茶"字，但饮茶在唐以前就早已开始了。唐以前对茶的写法有多种，用得最多的是"荼"字，至陆羽作《茶经》时，将荼字减去一横，成为现在的"茶"。从这里可以看出，唐以前诗词与茶的关系是和与"荼"字的关系联系在一起的。在我国第一部诗歌总集《诗经》中，荼字就已经出现。像"谁谓荼苦，其甘如荠"，"采荼、薪樗，食我农夫"。但对于《诗经》中的荼字，至今仍解释不一。有人认为是指茶，有人以为不是。因此，《诗经》中的荼字是否是指茶，这属于学术问题，我们可以暂置不论。

自《诗经》之后，在汉代的诗中，一直没有茶即荼字出现。汉代之后唐代之前，最早的茶诗在陆羽的《茶经》中提到的有四首，它们是张载的《登成都楼诗》，孙楚的《出歌》，左思的《娇女诗》，王微的《杂诗》，再加上西晋末至东晋初出现的杜育的《荈赋》，构成了我国最早的茶诗文化。

一般认为，我国最早的茶诗，应该是魏晋之间左思的《娇女诗》。左思（约 250—305 年）西晋著名作家，其文学成就主要在五言诗。其《娇女诗》就是一首较长的五言叙事诗，诗中有这样与饮茶有关的诗句：

> 吾家有娇女，皎皎颇白皙。
>
> 小字为纨素，口齿自清历。……
>
> 其姊字惠芳，面目粲如画。……
>
> 驰骛翔园林，果下皆生摘。……
>
> 贪华风雨中，倏忽数百适。……
>
> 止为荼荈据，吹嘘对鼎铋。

诗中描写了两个小女孩天真可爱的形象，她们眉目秀俊，娇小可爱，在园林中追逐奔跑，嬉笑玩耍，攀花摘果，娇憨可掬。玩得渴了时，急于饮茶解渴，便一齐向着炉灶吹火，以求水赶快烧沸。这里的"荼"，指的实际上就是茶，这时的茶还处于煮作羹饮的阶段。

西晋末年到东晋初这个阶段，有一首茶赋，这就是杜育的《荈赋》，这是现在能够见到的最早也是最美的专门歌吟赞美茶的歌赋。《荈赋》这样写道："灵山惟岳，奇产所钟。厥生荈草，弥谷被岗。承丰壤之滋润，受甘霖之霄降。月惟初秋，农功少休。结偶同旅，是采是求。水则岷方之注，挹彼清流；器择陶简，出自东隅。酌之以匏，取式公刘。惟兹初成，沫沉华浮，焕如积雪，晔若春敷。"在这首赞美茶的赋里，作者描写了满山遍野的茶树，在肥沃的土壤里，沐浴着阳光雨露，欣欣繁茂。每当茶季，茶农们结成伴侣，一起采茶制茶。汲取清流之水，用朴拙的陶器，煮茶饮茶，而茶叶的品质是那样的美好。在这首赋里，作者以饱满的热情和不凡的才华对茶作了吟咏赞美，才思横溢，诗句优美。另外，张载在其《登成都楼诗》中"芳茶冠六清，溢味播九区"、孙楚《出歌》中"姜桂茶荈出巴蜀，椒橘木兰出高山"的诗句，都形象地描述出晋代茶业发展的情况。其中像"芳茶冠六清，溢味播九区"这样的诗句，被后来的不少茶馆作为楹联悬挂在门前或亭柱上，一直流传至今。

(3) 泱泱成大观的唐代茶诗

唐朝是我国诗歌发展的极盛时代。唐朝时，科举制以诗取士，诗歌成为读书人谋求利禄功名的正路，因此，唐代的文人几乎无一不是诗人，诗家辈出，名家辈出。同时，我国的茶叶生产在唐代有了更大的发展，饮茶风尚在社会上逐渐普及开来，并在宫廷和上层社会成为一种雅事。适逢此时，陆羽的《茶经》问世，对茶的渊源历史、茶叶采制及饮茶品茶都做了系统的记录，饮茶之风日炽。茶在许多诗人、文学家生活中成了不可缺少的物品，咏茶诗大量涌现，成为茶文化宝库中的宝贵财富。

几乎每一个著名的唐朝诗人都写过茶诗。这首先表现在唐朝三大诗人李白、杜甫、白居易的诗中。素有"诗仙"之称的李白是唐朝最负盛名的诗人。他才华盖世，诗酒并重，其不凡的才情也表现在他的咏茶诗中。他的《答族侄僧中孚赠玉泉仙人掌茶》是一首著名的茶事诗，诗中这样写道：

> 常闻玉泉山，山洞多乳窟。
>
> 仙鼠如白鸦，倒悬清溪月。

　　　　茗生此中石，玉泉流不歇。

　　　　根柯洒芳津，采服润肌骨。

　　　　丛老卷绿叶，枝枝相接连。

　　　　曝成仙人掌，似拍洪崖肩。

　　　　举世未见之，其名定谁传。

　　　　宗英乃禅伯，投赠有佳篇。

　　　　清镜烛无盐，顾惭西子妍。

　　　　朝坐有余兴，长吟播诸天。

在这首诗并序里，作者描写了著名的仙人掌茶，将此茶的品质、出处、功效都作了生动的描述。诗歌写得雄奇豪放、才华横溢，不愧出自诗仙之笔，是名茶入诗的最早诗篇。

　　有诗圣之称的诗人杜甫，其诗沉郁顿挫，吟咏时事，被后世称之为"诗史"。诗人在切近生活，反映现实之外，也有描写茶事的诗，像《重过何氏五首》之一："落日平台上，春风啜茗时。石阑斜点笔，桐叶坐题诗。翡翠鸣衣桁，蜻蜓立钓丝。自今幽兴熟，来往亦无期。"诗中情景交融，文笔生动优美，宛如一幅清雅美妙的饮茶题诗图，属于诗人的雅逸情趣跃然纸上。

在唐朝的三大诗人中，以白居易茶诗最多，有50余首。白居易的诗文采郁郁，朴实无华，雅俗共赏。其著名的《长恨歌》、《琵琶行》、《卖炭翁》是唐诗中著名的篇章。在他的数量众多的茶诗中，既有专门描写茶的诗篇，又有间接写到茶的篇章。像《琵琶行》中"老大嫁作商人妇。商人重利轻别离，前月浮梁买茶去。去来江口守空船……"的诗句，间接地写到茶事，可以看出唐朝时茶叶买卖已非常兴盛，在浮梁（现景德镇市）这个地方，已有了茶叶交易。白居易著名的写到茶的诗有《琴茶》、《春尽日》、《谢李六郎中寄新蜀茶》、《山泉煎茶有怀》等，对名茶、煮茶的名泉、茶的采制及烹煮、茶的功效都作了十分贴切而形象的描绘。他的《琴茶》一诗，既写到了著名的蒙顶茶，又写出了自己对琴对茶的爱好。诗中写道：

> 兀兀寄形群动内，陶陶任性一生间。
>
> 自抛官后春多醉，不读书来老更闲。
>
> 琴里知闻唯渌水，茶中故旧是蒙山。
>
> 穷通行止长相伴，谁道吾今无往还。

他的《食后》诗，显示出诗人无忧无乐的散淡情怀，诗中写道：

> 食罢一觉睡，起来两欧茶。
>
> 举头看日影，已复西南斜。
>
> 乐人惜日促，忧人厌年赊。
>
> 无忧无乐者，长短任生涯。

其《谢李六郎中寄新蜀茶》一诗，由接到友人寄茶而发感想，可见唐人已把茶作为馈赠友人分享雅兴的礼品，另外诗中还有煎茶的描写：

> 故情周匝向交亲，新茗分张及病身。
>
> 红纸一封书后信，绿芽十片火前春。
>
> 汤添勺水煎鱼眼，末下刀圭搅麴尘。
>
> 不寄他人先寄我，应缘我是别茶人。

他的《春尽日》中"醉对数丛红芍药，渴尝一碗绿昌明"，诗句工整优美，"绿昌明"指的是四川的一种茶。从白居易诗中还可以看出，唐人对煎茶的水十分讲究，常常把有名的泉水作为最珍贵的水用来煮茶："蜀茶寄到但惊新，渭水煎来始觉珍"，描写的就是这种名泉煮名茶的情形。他的"闲烹雪水茶"的诗句，说明古人将雪水看作是煎茶好水，这和《红楼梦》中妙玉用旧年雪水煮茶有异曲同工之妙。另外，白居易的"驱愁知酒力，破睡见茶功"的诗句，说明了诗人对茶破睡醒脑的功效的认识。正像诗人在诗中所写的那样："或饮茶一盏，或吟诗一章"，"或饮一瓯茗，或吟两句诗"，从这里我们可以看出，茶与诗成为诗人生活中不可缺少的内容。

说到茶诗，不能不提到唐代诗人卢仝的著名七言咏茶古诗《走笔谢孟谏议寄新茶》，这可以说是茶诗中最有名的篇章之一：

> 日高丈五睡正浓，军将打门惊周公。
>
> 口云谏议送书信，白绢斜封三道印。
>
> 开缄宛见谏议面，手阅月团三百片。
>
> 闻道新年入山里，蛰虫惊动春风起。
>
> 天子须尝阳羡茶，百草不敢先开花。
>
> 仁风暗结珠琲瓃，先春抽出黄金芽。
>
> 摘鲜焙芳旋封裹，至精至好且不奢。
>
> 至尊之余合王公，何事便到山人家？
>
> 柴门反关无俗客，纱帽笼头自煎吃。
>
> 碧云引风吹不断，白花浮光凝碗面。
>
> 一碗喉吻润，两碗破孤闷。
>
> 三碗搜枯肠，惟有文字五千卷。

四碗发轻汗，平生不平事，尽向毛孔散。

五碗肌骨清，六碗通仙灵。

七碗吃不得也，唯觉两腋习习清风生。

蓬莱山，在何处？玉川子乘此清风欲归去。

山上群仙司下土，地位清高隔风雨。

安得知百万亿苍生命，堕在颠崖受辛苦。

便为谏议问苍生，到头还得苏息否？

卢仝（795—835）号玉川子，是唐代中期诗人。这首完全以茶为内容的咏茶诗，具体生动地描写了诗人从接到茶到饮茶，饮茶后引起感想的全部过程。诗中首先叙述诗人在日高五丈睡意正浓时候，接到好朋友谏议大夫送来的新茶。茶用白绢密封并加盖三道印。诗人打开包，捡点里面有三百片像团月一样的茶饼。想到茶的珍贵，因为皇帝要尝新茶，在百草不敢先开花的时候，茶树被温柔的春风吹开了嫩芽。这样珍贵的本应赏赐给王公贵族的物品，却来到自己家中。诗中接着写诗人反关柴门、自煎自赏自饮的情景。七碗之后，飘飘欲仙，如登蓬莱仙阁。诗人用优美朴实的诗句表达出对饮茶的感受。这首诗脍炙人口，其中的许多字句被后来诗人所引用，像将茶饼比喻为月团；诗人的号玉川子也多次出现在诗人的诗句中，像陈继儒的"山中日日试新茶，君合前身老玉川"，韩愈《寄卢仝》中"玉川先生洛城里，破屋数间而已矣"。从这些诗句中可以看出卢仝的茶诗对于后世诗人的影响。

刘禹锡（772—842）是中唐著名诗人之一，他的诗沉着稳练，风调自然。特别是他模仿民歌而写的《竹枝词》，清新自然，别开生面。刘禹锡晚年在洛阳，与白居易结为诗友，并称刘白。在其诗歌中，有一首《西山兰若试茶歌》，为唐代茶诗中的名篇：

> 山僧后檐茶数丛，春来映竹抽新茸。
>
> 宛然为客振衣起，自傍芳丛摘鹰嘴。
>
> 斯须炒成满室香，便酌砌下金沙水。
>
> 骤雨松声入鼎来，白云满碗花徘徊。
>
> 悠扬喷鼻宿醒散，清峭彻骨烦襟开。
>
> ……
>
> 新芽连拳半未舒，自摘至煎俄顷余。
>
> 木兰沾露香微似，瑶草临波色不如。
>
> 僧言灵味宜幽寂，采采翘英为嘉客。
>
> 不辞缄封寄郡斋，砖井铜炉损标格。
>
> 何况蒙山顾渚春，白泥赤印走风尘。

欲知花乳清泠味，须是眠云跂石人。

这首诗很具体地描绘出在西山兰若（今湖南常德）寺庙里饮茶的情形。在幽静的僧房后面，有新茶数丛，春天到来时，茶树抽出嫩芽。欣然为客人采摘新芽，即刻焙炒、烹煮，满室生香。"骤雨松声入鼎来，白云满碗花徘徊"生动地写出茶在烹煮时的样子。接着写其香气如同木兰，色泽像传说中瑶池的仙草。接着僧人讲只有在幽静的山野，方可品尝到新鲜的茶叶美味。而远处的贡茶，经过舟车传递，一路风尘就难以拥有其鲜美的韵味了。从这首诗中，可以看出诗人刘禹锡对茶独到细致的体味。

唐代写茶诗人之多，除上述几位诗人外，其他如杜牧、柳宗元、温庭筠、韦应物、岑参、元稹、孟郊、皮日休、张籍等都写过茶诗。茶圣陆羽除写作第一部茶书之外，也有茶诗留给后世。这些茶诗内容丰富，或写名茶、采茶、造茶、煎茶、饮茶，或写名泉、茶园，或写茶具、茶功。在形式上，有五言古诗、七言古诗、五言七言律诗、五言七言绝句、宫词等等。非常有趣的是，在唐茶诗中，有一种宝塔诗，从一字句至七字句逐句递增，构成一种宝塔式的结构，像元稹的宝塔诗《一字至七字诗·茶》：

　　茶

　　香叶、嫩芽。

　　慕诗客、爱僧家。

　　碾雕白玉、罗织红纱。

　　铫煎黄蕊色、碗转曲尘花。

　　夜后邀陪明月、晨前命对朝霞。

　　洗尽古今人不倦、将至醉后岂堪夸。

这首宝塔诗结构独特、风格特异，是茶诗中少见的篇章。

　　诗人韦应物，性格刚毅，其诗风格秀朗，气韵澄澈，清丽之外，又高雅闲淡。在任刺史之余，常焚香打坐，和诗僧皎然吟诗唱酬。其《喜园中茶生》一诗，对茶的品格作了歌颂，借茶喻己，显示出诗人高洁的品格。即"洁性不可污，为饮涤尘烦；此物信灵味，本自出山原……"

　　晚唐诗人皮日休与陆龟蒙相交甚深，又同有饮茶爱好，平时唱酬甚多，他们的《茶中杂咏》唱和诗各十首，如《茶坞》、《茶笋》、《茶舍》、《茶焙》、《茶鼎》、《茶人》、《煮茶》等，对茶的历史、茶的煮法及饮茶用具都作了描述。

　　总之，唐朝是我国封建社会历史上一个鼎盛的时代，无论是经济与文化都相当繁荣。茶叶生产、饮茶风尚在这一时期都有较大的发展，文学尤其是诗歌进入了一个历史发展的黄金时代。茶作为一种高雅的物品，引发诗人的才思，备受诗人青睐。而茶诗的大量创作，对茶文化的流传和茶业的发展，都有明显的促进作用，茶、诗相互促进，璧合珠联，相得益彰，形成了茶史上文学史上汰汰成大观的茶文化现象。

（4）异军独起的宋代茶诗茶词

"茶兴于唐而盛于宋"，到了宋代，饮茶风俗已相当普及。茶会、茶宴、斗茶之风盛行，皇帝嗜茶，文人赏茶，老百姓爱茶，饮茶之风风靡南方北方。宋朝是我国文学史上诗词发展的黄金时代，诗歌在唐代诗歌的基础上大为发展，而长短句的大量出现，使宋代文学在诗之外，词独领风骚，异军突起。茶与诗词相互影响，以诗写茶，以词写茶，出现了数量可观的茶诗茶词，大约有 2000 首之多。

宋代茶诗茶词在唐代茶诗的基础上发展，除茶诗之外，又有了茶词这样一个新品种。宋代茶诗茶词也是题材丰富，形式多样。在描写内容上有名茶之诗、煎茶之诗、茶圣之诗、斗茶之诗、名泉诗、茶具诗等，还有采茶、造茶、茶园、茶功之诗，不一而足，不胜枚举。在艺术形式上，有古诗、律诗、绝句、宫词、联句、回文诗、茶词等。

在宋朝的饮茶诗中，最具盛名的是宋代政治家、文学家范仲淹（989—1052 年）的《斗茶歌》，这位宋代的大文学家，其诗词文章都有名篇传诵于世，尤其是他的《岳阳楼记》中"先天下之忧而忧，后天下之乐而乐"的名句，可以视为作者悲天悯人、关注苍生的博大襟怀的绝唱。其茶诗全称为《和章岷从事斗茶歌》：

> 年年春自东南来，建溪先暖冰微开。
>
> 溪边奇茗冠天下，武夷仙人从古栽。
>
> 新雷昨夜发何处，家家嬉笑穿云去。
>
> 露芽错落一番荣，缀玉含珠散嘉树。
>
> 终朝采掇未盈襜，唯求精粹不敢贪。
>
> 研膏焙乳有雅制，方中圭兮圆中蟾。
>
> 北苑将期献天子，林下雄豪先斗美。
>
> 鼎磨云外首山铜，瓶携江上中泠水。
>
> 黄金碾畔绿尘飞，紫玉瓯心雪涛起。
>
> 斗余味兮轻醍醐，斗余香兮薄兰芷。
>
> 其间品第胡能欺，十目视而十手指。
>
> 胜若登仙不可攀，输同降将无穷耻。
>
> 吁嗟天产石上英，论功不愧阶前蓂。

众人之浊我可清，千日之醉我可醒。

屈原试与招魂魄，刘伶却得闻雷霆。

卢仝敢不歌，陆羽须作经。

森然万象中，焉知无茶星。

商山丈人休茹芝，首阳先生休采薇，

长安酒价减千万，成都药市无光辉。

不如仙山一啜好，泠然便欲乘风飞。

君莫羡花间女郎只斗草，赢得珠玑满斗归。

这首诗，以形象夸张的手法，描写了宋代斗茶的情况。诗中先讲到著名的武夷山茶，春风送暖，新芽初绽，武夷山茶名冠天下。接着描写采茶斗茶的情形。芽茶鲜嫩，即使采摘一个早晨也难得采摘一围裙。制作出来的茶饼有方有圆，图案或像圭壁，或如蟾蜍。然后写上贡前斗茶情形，竭力描写渲染茶的香、味，并借用屈原、刘伶、卢仝、陆羽这样一些著名的古人来衬托茶的功效。最后写茶的价值，即使长安酒也为之减价，成都药市亦无光辉。末尾一句写采茶女郎采得的茶都是同珠玑一样珍贵。对这首《斗茶歌》，历史上评价很高，许多人认为可以和唐代诗人卢仝的茶诗相提并论。

苏轼（1037—1101）是宋代文坛上最著名的诗人、词人、文学家。他在文学的各个方面都有杰出成就，其文其诗其词风格豪迈，个性鲜明，文采斐然。在散文上与欧阳修并称"欧、苏"，为北宋名家；诗与黄庭坚并称"苏、黄"，开一代宋诗新风；词与辛弃疾并称"苏、辛"，词风豪放。他一生嗜茶，茶诗也极多。其著名的茶诗有《汲江煎茶》、《次韵曹辅寄壑源试焙新茶》、《记梦回文二首并叙》、《惠山谒钱道人烹小龙团登绝顶望太湖》、《月兔茶》等等，茶词《行香子》、《西江月》，不一而足。其诗《汲江煎茶》写煎茶时情形，绘声绘色，清新出奇：

> 活水还须活火烹，自临钓石取深清。
>
> 大瓢贮月归春瓮，小勺分江入夜瓶。
>
> 雪乳已翻煎处脚，松风忽作泻时声。
>
> 枯肠未易禁三碗，坐听荒城长短更。

这首诗生动地写出了诗人煎茶时的心情与情景，被诗人杨万里评为句句皆奇，字字皆奇。

苏轼还有一首非常有趣的回文诗《记梦回文二首并叙》，这首诗无论顺读、倒读，都可以读通，别致有趣：

> 酡颜玉碗捧纤纤，乱点余花唾碧衫。
>
> 歌咽水云凝静院，梦惊松雪落空岩。

> 空花落尽酒倾缸，日上山融雪涨江。
>
> 红焙浅瓯新火活，龙团小碾斗晴窗。

这首诗风格别致，形式独特，清丽新奇，可以说是茶诗中的奇花异葩。

好茶好水方能烹出好茶汤，对这一点，宋人已有体会。惠山泉位于江苏无锡，被誉为天下第二泉。宋人非常喜欢惠山泉水，因此吟咏的诗特别多，像苏轼诗《惠山谒钱道人烹小龙团登绝顶望太湖》一首，既写名茶小团月，又写名泉：

> 踏遍江南南岸山，逢山未免更流连。
>
> 独携天上小团月，来试人间第二泉。
>
> 石路萦回九龙脊，水光翻动五湖天。
>
> 孙登无语空归去，半岭松声万壑传。

讲到苏轼的茶诗，不能不提到他"从来佳茗似佳人"的诗句，在这首题为《次韵曹辅寄壑源试焙新茶》的诗里，诗人这样写道：

> 仙山灵雨湿行云，洗遍香肌粉未匀，
>
> 明月来投玉川子，清风吹破武林春。
>
> 要知冰雪心肠好，不是膏油首面新；
>
> 戏作小诗君勿笑，从来佳茗似佳人。

在这里，作者以拟人的笔法，将佳茗比作美丽的佳人，这与诗人的另一首诗中"欲把西湖比西子，淡妆浓抹总相宜"之句有异曲同工之妙。另外他的词《西江月》也是别开生面，对名茶与名泉作了生动形象的赞美：

龙焙今年绝品，谷帘自古珍泉。雪芽双井散神仙。苗裔来从北苑。　　汤发云腴酽白，盏浮花乳轻圆，人间谁敢更争妍，斗取红窗粉面。

在苏东坡的诗词中，不仅有专门写茶的诗词，也有一些不专写茶但又提到茶的字句，从中可以看出诗人的豪情佳趣。像他的《望江南，超然台作》一首词，词中写道：

春未老，风细柳斜斜。试上超然台上望，半壕春水一城花，烟雨暗千家。　　寒食后，酒醒却咨嗟。休对故人思故国，且将新火试新茶，诗酒趁年华。

最后一句，"且将新火试新茶，诗酒趁年华"，将诗、酒、茶并举，显示出诗人勃勃的豪情与盎然的诗意。

欧阳修是宋代文坛上著名的人物，为唐宋八大家之一，他诗、词、文并重，文笔平易舒畅，富有情韵。在他的诗歌中，不乏吟茶佳作。如吟宋代名茶龙凤团的《送龙茶与许道人》，吟双井茶的《双井茶》，吟扬州贡茶的《和原父扬州六题时会堂二首》等，其中《双井茶》诗这样写道：

> 西江水清江石老，石上生茶如凤爪。
>
> 穷腊不寒春气早，双井芽生先百草。
>
> 白毛囊以红碧纱，十斤茶养一两芽。
>
> 长安富贵五侯家，一啜犹须三日夸。
>
> 宝云日注非不精，争新弃旧世人情。
>
> 岂知君子有常德，至宝不随时变易。
>
> 君不见建溪龙凤团，不改旧时香味色。

王安石是宋朝的文学家与改革家，他的诗文风格遒劲有力，笔力雄健，同时又有情韵深婉之作。其茶诗《寄茶与平甫》是写给弟弟的一首诗，反映出宋代人的一种饮茶习惯，即不要在金谷园看花的时候，煎茶饮茶。因为在宋人看来，对花啜茶是煞风景的事情，诗中写道：

> 碧月团团堕九天，封题寄与洛中仙。
>
> 石楼试水宜频啜，金谷看花莫漫煎。

黄庭坚是宋代著名诗人、词人，苏门四学士之一，以诗歌而负盛名，为江西诗派宗师。其创作取法杜甫，特别在形式格律上下功夫。在其词作中，有关茶的词就有多首，如：

《品令·茶词》

凤舞团团饼。恨分破、教孤令。金渠体净,只轮慢碾,玉尘光莹。汤响松风,早减了、二分酒病。　　味浓香永。醉乡路、成佳境。恰如灯下,故人万里,归来对影。口不能言,心下快活自省。

《满庭芳·茶》

北苑春风,方圭圆壁,万里名动京关。碎身粉骨,功合上凌烟。尊俎风流战胜,降春睡、开拓愁边。纤纤捧,研膏溅乳,金缕鹧鸪斑。相如,虽病渴,一觞一咏,宾有群贤。为扶起灯前,醉玉颓山。搜搅胸中万卷,还倾动、三峡词源。归来晚,文君未寝,相对小窗前。

《阮郎归》

黔中桃李可寻芳。摘茶人自忙。月团犀胯斗圆方。研膏入焙香。　　青箬裹,绛纱囊。品高闻外江。酒阑传碗舞红裳。都濡春味长。

这三首茶词,第一首,上阕写烹煮团饼茶时的情景,其中

"玉尘光莹，汤响松风"用语生动，读来栩栩如生。下阕写饮茶后达到的佳妙境界，读来令人心动神迷，感同身受，与作者共同进入一个陶陶然的快活境界，可以说是妙不可言。第二首《满庭芳·茶》也是写饮茶的情景和感受，上阕写饮茶的作用和情形，"功合上凌烟。尊俎风流战胜，降春睡、开拓愁边"，短短几句，将茶的奇特功效写出。"方圭圆璧"、"纤纤棒，研膏溅乳，金缕鹧鸪斑"写出了宋代团饼茶的样子和烹茶时的情形。下阕借司马相如和卓文君的典故，将饮茶时的情形和到达的奇特境界衬托而出，人物、典故生动形象，情趣、韵味跃然纸上，不愧为大词家手笔。至于第三首《阮郎归》写采茶、制茶和饮茶，虽篇幅短小，却情致尽出。

陆游，号放翁，是南宋时期伟大的爱国诗人，词和散文成就都很高。陆游生平所作诗近万首，且题材广泛，被认为是"凡一草一木，一鱼一鸟，无不裁剪入诗。"他的涉及时事的诗，激昂慷慨，表现出一位爱国诗人的骨气和正气，和辛弃疾的词一起构成当时词坛上的最强音。在陆游的诗中，也有以茶为内容的诗，表现出诗人放达的情怀。如《夜汲井水煮茶》：

病起罢观书，袖手清夜永。四邻悄无语，灯火正凄冷。

山童已睡熟，汲水自煎茗。铿然辘轳声，百尺鸣古井。肺腑凛清寒，毛骨已苏省。归来月满廊，惜踏疏梅影。

杨万里、范成大都是南宋时期的著名诗人，其诗歌成就可与陆游齐名。杨万里的诗清新、自然、活泼，语言通俗，工于写景状物又意境浅豁；范成大除关怀民生疾苦和抒发爱国激情外，其田园诗独创一格，影响极大。两位诗人所写茶诗有：

范成大《四时田园杂兴》其二

蝴蝶双双入菜花，日长无客到田家。

鸡飞过篱犬吠窦，知有行商来买茶。

杨万里《舟泊吴江》

江湖便是老生涯，佳处何妨且泊家，

自汲松江桥下水，垂虹亭上试新茶。

这样的一些茶诗、茶词，在浩如烟海一样的宋诗宋词中也许只是沧海一粟，但单就茶这一题材来讲，数量上却是十分可观的，而且几乎囊括了茶事方面的全部内容。这是茶文学在宋代历史上非常杰出的成就，它丰富着茶文化的宝库，而且对于后人研究宋代茶叶生产及饮茶情况，都是十分宝贵的历史资料。

（5）余韵袅袅的元、明、清茶诗、茶词、茶曲

元明清时代，诗词已不是这个时期最重要的成就，但诗词作为中国传统的文学形式，在这个时期仍然有发展和成就。诗词之外，元曲在元朝时期极为盛行。因此，元代除茶诗、茶词之外，又有元茶曲出现，为元代茶诗词领域，增添了崭新别致的内容。

元代茶诗词内容上与唐宋时期大致相同，包括名茶、名泉、煎茶、饮茶、茶功、茶具等，形式上有律诗、古诗、绝句及元曲。

谢宗可《雪煎茶》

夜扫寒英煮绿尘，松风入鼎更清新。

月团影落银河水，云脚香融玉树春。

陆井有泉应近俗，陶家无酒未为贫。

诗脾夺尽丰年瑞，分付蓬莱顶上人。

这首诗描写的是雪水煎茶的情景，但作者丰富的想象力使这首诗联想丰富，几位古人的故事使此诗富有情趣。

　　洪希文是元代著名诗人，其《煮土茶歌》是元茶诗中的佳作，诗曰：

> 论茶自古称壑原，品水无出中濡泉。
>
> 莆中苦茶出土产，乡味自汲井水煎。
>
> 器新火活清味永，且从平地休登仙。
>
> 王侯第宅斗绝品，揣分不到山翁前。
>
> 临风一啜心自省，此意莫与他人传。

这首诗写作者自汲井水、烹煎土茶而又自得其乐的情形，活画出诗人不羡王侯、不羡神仙，自汲自饮、自在快乐的情景与心态。

　　说到元代茶诗，不能不提到写茶的元曲，像李德载《阳春曲·赠茶肆》有小令十首，是元茶曲中重要篇目，如：

> 茶烟一缕轻轻飏。搅动兰膏四座香。烹煎妙手赛维扬。非是谎。下马试来尝。
>
> 黄金碾畔香尘细。碧玉瓯中白雪飞。扫醒破闷和脾胃。风韵美。唤醒睡希夷。
>
> 龙团香满三江水。石鼎诗成七步才。襄王无梦到阳台。归去来。随处是蓬莱。
>
> 一瓯佳味侵诗梦。七椀清香胜碧筒。竹炉汤沸火初

红。两腋风。人在广寒宫。

兔毫盏内新尝罢。留得余香在齿牙。一瓶雪水最清佳。风韵煞。到底属陶家。

龙须喷雪浮瓯面。凤髓和云泛盏弦。劝君休惜杖头钱。学玉川。平地便升仙。

金樽满劝羊羔酒。不似灵芽泛玉瓯。声名喧满岳阳楼。夸妙手。博士便风流。

金芽嫩采枝头露。雪乳香浮塞上酥。我家奇品世间无。君听取。声价彻皇都。

这里选取其中八首小令，这些小令，将作者饮茶时的情景、情趣一一道出，虽玲珑短小，却韵味尽出。

明代社会经济比较繁荣，茶叶生产与贸易都有很大发展，但在茶诗成就上，比之唐宋却逊色不少。尽管在内容上，对茶的各个方面多有涉猎，形式体裁上也比较多样，但总的看来，成就不及唐宋深厚与丰富。当然，这也与文学本身的发展规律有关，时至明代，诗与词已失去了在唐宋时期的主要地位，因此，茶诗词的衰微也是可以想见的了。

高启（1336—1374）是明代文学家，诗文皆工，尤长于诗，其诗自具性灵，清新俊逸。他有一首著名的《采茶词》，描写茶农种茶的辛苦，诗中写道：

> 雷过溪山碧云暖，幽丛半吐枪旗短。
>
> 银钗女儿相应歌，筐中采得谁最多？
>
> 归来清香犹在手，高品先将呈太守。
>
> 竹炉新焙未得尝，笼盛贩与湖南商。
>
> 山家不解种禾黍，衣食年年在春雨。

诗中写茶农终年种茶，自己却难得品尝，先呈太守，后与商人。从中可以看出茶农的生活情况。

明朝御茶生产增加，贡茶加大，茶农必须完成摊派的贡额，负担极重。在浙江，富阳山的茶叶被指为贡品，茶农负担很大。当时有个为人耿直的按察佥事韩邦奇，看到百姓疾苦，十分同情，曾写有一首《富阳民谣》，对百姓生活的辛苦与酸辛作了同情的描写，作者的意图是希望皇帝官家不要对百姓如此苛刻。此诗写出了富阳渔民与茶农的心声，被广为流传，作者也因此遭到罢官下狱的结局。歌谣写道：

> 富阳江之鱼，富阳山之茶；鱼肥卖我子，茶香破我家。采茶妇，捕鱼夫，官府拷掠无完肤。昊天胡不仁，此地亦何辜？鱼胡不生别县，茶胡不生别郡？富阳山，何日摧？富阳江，何日枯？山摧茶亦死，江枯鱼亦无。

山难摧，江难枯，我民不可苏。

此诗展现了富阳茶农和渔民的悲苦生活。富阳一带虽盛产茶、鱼，但因为官府的剥削和掠夺，即使鱼满舱、茶飘香，人民仍然摆脱不了家破人亡、妻离子散的厄运。面对着这一切，作者代表人民发出了"鱼胡不生别县，茶胡不生别郡"的感慨，并进而诅咒"富阳山，何日摧？富阳江，何日枯？山摧茶亦死，江枯鱼亦无。"其不平与悲愤之情溢于言表，掷地有声。如此勇敢地写出民生疾苦，作为一个封建社会的士大夫阶层的人物，是十分难能可贵的。

清代茶叶诗词无论在内容还是形式上大致与明代相同，不过在体裁上多了道情这样一种以唱为主、以说为辅的新形式。作者著名的有曹雪芹、龚自珍、爱新觉罗·弘历（乾隆皇帝）、郑板桥、顾炎武等人。

爱新觉罗·弘历即乾隆皇帝，数次下江南，他曾经亲自在西子湖畔的胡公庙前品尝过龙井茶，品后大为赞赏，他也亲自看过江南茶农采茶制茶，风流多才的乾隆皇帝因此而有一些茶诗问世。其中《观采茶作歌》这样写道：

火前嫩，火后老，惟有骑火品最好。

西湖龙井旧擅名，适来试一观其道。

村男接踵下层椒，倾筐雀舌还鹰爪。

> 地炉文火续续添，乾釜柔风旋旋炒。
>
> 慢炒细焙有次第，辛苦工夫殊不少！
>
> 王肃酪奴惜不知，陆羽茶经太精讨。
>
> 我虽贡茗未求佳，防微犹恐开奇巧。
>
> 防微犹恐开奇巧，采茶揭览民艰晓。

这首诗是乾隆皇帝在观看了茶农从采茶到炒茶的过程后，对茶农的辛苦有所感触，因而表示自己虽饮贡茶，但不必要求品质过分精致。这既可以看出乾隆一时的恻隐之心，同时也是他作为一个统治者对自己仁政的标榜。

郑燮，号板桥，清代著名的"扬州八怪"之一，性情耿介，不畏权贵，因办理赈济等事得罪豪绅而被罢官，寄居扬州，卖画自给。他能诗善画，尤工书法。其诗放达自然，自成一格。在清代文人的茶诗茶词中，郑板桥的茶诗茶词应是比较多的。有竹枝词、茶词、名茶诗、茶具诗等。其《竹枝词》有这样的词句：

> 溢江江口是奴家，郎若闲时来吃茶。
>
> 黄土筑墙茅盖屋，门前一树紫荆花。

这是一首清新活泼又极率真的爱情诗，通过一个姑娘邀一青年吃茶表达出一种炽热的爱情。他的道情诗，一共有十首，其中第二首里提到茶："黑漆漆蒲团打坐，夜烧茶炉火通红。"其词《满庭芳·赠郭方仪》中有这样的诗句："寒雪里，烹茶扫雪，一碗读书灯。"

同属扬州八怪的汪士慎，嗜茶善诗工书画，在他的诗作中，有这样一首茶诗，《幼孚斋中试泾县茶》，诗中写道：

> 不知径邑山之涯，春风茁此香灵芽。
>
> 两茎细叶雀舌卷，烘焙工夫应不浅。
>
> 宣州诸茶此绝伦，芳馨那逊龙山春，
>
> 一瓯瑟瑟散轻蕊，品题谁比玉川子。
>
> 共对幽窗吸白云，令人六腑皆清芬。
>
> 长空霭霭西林晚，疏雨湿烟客不返。

这首诗描述出作者在品尝了泾县茶之后的感慨，"此绝伦""皆清芬"这样的诗句，读来令人感同身受，与诗人一起体会新茶的芳馨。

(6) 现代茶诗茶词

茶叶生产，在我国经历了近代的一段衰落时期，新中国成立后，又有了较大发展。特别是 80 年代改革开放以来，茶叶生产、饮茶服务业、茶文化活动都开创了一个新局面，茶诗茶词创作也显示出一种新气象。

在这些茶诗中，有老一辈无产阶级革命家的佳作，显示出一代领导人的豪情。像毛泽东同志的七律诗《和柳亚子先生》中有这样的诗句："饮茶粤海未能忘，索句渝州叶正黄"。朱德同志的《看西湖茶区》，是他在 60 年代初视察杭州龙井茶生产时写下的诗句：

　　狮峰龙井产名茶，生产小队一百家。

　　开辟斜坡四百亩，年年收入有增加。

诗歌浅易平直，表现出朱德同志对茶叶生产的赞赏。

陈毅同志的《梅家坞即兴》是在观看了龙井茶产地梅家坞后所写：

　　会谈及公社，相约访梅家。青山四面合，绿树几坡斜。溪水鸣琴瑟，人民乐岁华。嘉宾咸喜悦，细看摘新茶。

另如郭沫若《在湖南品饮高桥银毫》：

　　芙蓉国里产新茶，九嶷香风阜万家；

　　肯让湖州夸紫笋，愿同双井斗红纱。

　　脑如冰雪心如火，舌不恖钉眼不花，

　　协力免教天下醉，三间无用独醒嗟。

当代许多文化知名人士以及茶界学者专家也都写有茶诗，像赵朴初、苏步青、启功、唐弢、庄晚芳、王泽农等，他们的

诗以富有时代气息和拥有崭新的内容，把我国当代茶诗茶词推向了一个新阶段。如老一辈茶叶专家庄晚芳诗《题安化松针》

芳丛产安化，云露凝清华。且见雪峰容，露止摘灵芽。细炒塑成针，翠绿呈秀霞。毫茸纤纤现，洁白无疵瑕。敬奉外宾客，众口皆称佳。

如茶学专家王泽农词《蝶恋花·杭州茶人之家落成纪念》：

湖山双峰好上好，外院茶寮，内院藏珍宝。黑盏兔毫精且巧，诗词歌赋得茶道。　　齿皓眸明神洁皎，破梦一杯，掌舞汉官晓。三碗搜肠文振藻，茶人康寿南山老。

这些诗词在继承传统文化的基础上表现新的内容，可以说是古韵犹存而又颇有新意，是当代茶诗茶词中的佳作。

2. 茶与散文、小说、戏剧

除茶诗茶词之外，在我国的文学作品中，还有一些其他体裁的作品表现了茶的内容，如散文、小说、戏剧等，这些作品以不同的内容与体裁丰富着茶文学宝库，而且是今天我们研究茶文化的不可多得的宝贵资料。

说到写茶的散文，最著名的当属明代张岱的《茶史序》。张岱，明朝人，性情散淡，不求仕进，耽于游山玩水，读书品艺。他嗜茶如命，又极懂品茶茶艺。其《茶史序》写他拜访品茶名人闵汶子及与之品茗的经过，情节奇特，极具雅兴。他的《戏册岕候制》、《兰雪茶》、《阳和泉》、《露兄》等，都是文笔别致，字字珠玑的小品散文。

在我国古代小说中，《金瓶梅》、《红楼梦》、《儒林外史》等明清小说经典名著，都有着对名茶精品、饮茶器皿、饮茶习俗的描写。这样的描写不是偶然的，它说明在明清时代，各地的饮茶已成为普遍的风尚，达官贵人饮茶，普通百姓也饮茶。这些描写，既反映出当时人们的生活习惯、风土人情，又是茶文化的重要组成部分。

《红楼梦》是我国清代一部著名的古典小说，它通过对宝、钗、黛爱情和婚姻悲剧的描写，以这个悲剧为中心，写出了具有代表性的贾、王、史、薛四大家族的兴衰，揭示出封建社会的罪恶及行将覆灭的命运。小说内容丰富，背景广阔，思想深刻，人物形象众多而富有典型性。同时，在这部庞大的作品中，日常生活的描写占了许多篇幅，这些描写逼真细腻，丰富着作品的思想内容。据统计，在这部作品中，仅描写到茶的地方就有200多处。另外如赏花赏菊，生辰欢宴等细节，从中可以看出贾府这一封建大家族的穷奢极侈及由盛至衰的衰败过程。

在《红楼梦》中，提到茶的最著名的章节是第41回："栊翠庵茶品梅花雪，怡红院劫遇母蝗虫"，写史太君带了刘姥姥一行诸人来到栊翠庵，妙玉以茶相待的情形，其中这样写道：

当下贾母等吃过茶，又带了刘姥姥至栊翠庵来……贾母道："……我们这里坐坐，把你的好茶拿来，我们吃一杯就去了。"妙玉听了，忙去烹了茶来。宝玉留神看他是怎么行事。只见妙玉亲自捧了一个海棠花式雕漆填金云龙献寿的小茶盘，里面放一个成窑五彩小盖钟，捧与贾母。贾母道："我不吃六安茶。"妙玉笑说："知道。这是老君眉。"贾母接了，又问是什么水。妙玉笑回"是旧年蠲的雨水。"贾母便吃了半盏，便笑着递与刘姥姥说："你尝尝这个茶。"刘姥姥便一口吃尽，笑道："好是好，就是淡些，再熬浓些更好了。"贾母等人都笑起来。然后众人都是一色官窑脱胎填白盖碗。

那妙玉便把宝钗和黛玉的衣襟一拉，二人随他出去，宝玉悄悄的随后跟了来。只见妙玉让他二人在耳房内，宝钗坐在榻上，黛玉便坐在妙玉的蒲团上。妙玉自向风炉上扇滚了水，另泡一壶茶。宝玉便走了进来，笑道："偏你们吃梯己茶呢。"二人都笑道："你又赶了来飧茶吃。这里并没你的。"妙

玉刚要去取杯，只见道婆收了上面的茶盏来。妙玉忙命："将
那成窑的茶杯别收了，搁在外头去罢。"宝玉会意，知为刘姥
姥吃了，他嫌脏不要了。又见妙玉另拿出两只杯来。一个旁
边有一耳，杯上镌着"瓠瓟斝"三个隶字，后有一行小真字是
"晋王恺珍玩"，又有"宋元丰五年四月眉山苏轼见于秘府"
一行小字。妙玉便斟了一斝，递与宝钗。那一只形似钵而小，
也有三个垂珠篆字，镌着"点犀乔"。妙玉斟了一乔与黛玉。仍
将前番自己常日吃茶的那只绿玉斗来斟与宝玉。宝玉笑道：
"常言'世法平等'，他两个就用那样古玩奇珍，我就是个俗
器了。"妙玉道："这是俗器? 不是我说狂话，只怕你家里未
必找的出这么一个俗器来呢。"宝玉笑道："俗说'随乡入
乡'，到了你这里，自然把那金玉珠宝一概贬为俗器了。"妙
玉听如此说，十分欢喜，遂又寻出一只九曲十环一百二十节
蟠虬整雕竹根的一个大盉出来，笑道："就剩了这一个，你可
吃的了这一海?"宝玉喜的忙道："吃的了。"妙玉笑道："你虽
吃的了，也没这些茶糟蹋。岂不闻'一杯为品，二杯即是解
渴的蠢物，三杯便是饮牛饮骡了'。你吃这一海便成什么?"
说的宝钗、黛玉、宝玉都笑了。妙玉执壶，只向海内斟了约
有一杯。宝玉细细吃了，果觉轻浮无比，赏赞不绝。妙玉正

色道："你这遭吃的茶是托他两个福，独你来了，我是不给你吃的。"宝玉笑道："我深知道的，我也不领你的情，只谢他二人便是了。"妙玉听了，方说："这话明白。"黛玉因问："这也是旧年的雨水？"妙玉冷笑道："你这么个人，竟是大俗人，连水也尝不出来。这是五年前我在玄墓蟠香寺住着，收的梅花上的雪，共得了那一鬼脸青的花瓮一瓮，总舍不得吃，埋在地下，今年夏天才开了。我只吃过一回，这是第二回了。你怎么尝不出来？隔年蠲的雨水那有这样轻浮，如何吃得。"黛玉知他天性怪癖，不好多话，亦不好多坐，吃完茶便约着宝钗走了出来。

这一段，是《红楼梦》中比较典型的描写吃茶的一段文字，里面提到了六安茶和老君眉两种茶叶。从这段文字中可以看出，这里的吃茶十分讲究。泡茶用的水是旧年蠲的雨水和梅花上的雪水。茶具也是十分的独到，像妙玉用海棠花式雕漆填金云龙献寿的小茶盘，里面放着一只成窑五彩小盖钟，用这种非常富贵精致的茶具为贾母斟茶。其他的人用的是一色官窑脱胎填白盖碗。

至于对待宝钗和黛玉，因为她俩都才思不凡，妙玉也深知这一点，于是悄悄将她俩带入耳房，另外沏茶来吃。这次用的是"瓟斝"和"点犀盉"，后来又特意为宝玉寻出一只九曲十环一百二十节蟠虬整雕竹根的大盉出来，可以见出妙玉吃茶的精致和讲究。

不止在妙玉一处，整个贾府的吃茶都十分的讲究，在《红楼梦》中，提到的喝的上等茶，就有枫露茶、普洱茶、女儿茶、龙井茶等。在第八回中，宝玉因为自己早上沏的枫露茶因为奶妈喝了而大为恼火，将手中的茶杯摔碎，因为那种枫露茶是要三四次之后才起色的。黛玉虽出身上等人家，从小为父母娇溺，诗书琴棋无所不通，但刚一到贾府时，也见识了贾府的排场。如她刚到贾府吃第一顿饭后，即见有丫鬟用小茶盏捧上茶来，黛玉原来在家时，听从父亲的教诲，刚吃过饭是不吃茶的，到了这里，也不得不随从这里的讲究。后来才知这第一盏茶是用来漱口，净完手后，又捧上茶来，这才是吃的茶。这样一些小小的细节，可以看出贾府这样一个大家族的奢侈豪阔和诸多排场。

同是《红楼梦》中的人物，刘姥姥等下层人就不同。刘姥姥属于贾府中八杆子打不着的穷亲戚，来到贾府无非为讨些救济以便度日。当她随了贾母喝了妙玉递来的茶时，却觉得茶太淡了些，再熬浓些就好了，引得别人一阵笑声。后来，妙玉因为刘姥姥用了茶杯喝茶，便弃之一旁，足见出对下层人的鄙夷。

第七十七回中晴雯被王夫人赶出怡红院，宝玉去看她时，晴雯正在病中，见了宝玉后也有一段关于喝茶的情节，就与贾府中的喝茶大不相同，书中这样写道：

> ……晴雯道："阿弥陀佛，你来的好，且把那茶倒半碗我喝。渴了这半日，叫半个人也叫不着。"宝玉听说，忙拭泪问："茶在那里？"晴雯道："那炉台上就是。"宝玉看时，虽有个黑沙吊子，却不像个茶壶。只得桌上去拿了一个碗，也甚大甚粗，不像个茶碗，未到手内，先就闻得油膻之气。宝玉只得拿了来，先拿些水洗了两次，复又用水汕过，方提起沙壶斟了半碗。看时，绛红的，也太不成茶。晴雯扶枕道："快给我喝一口罢！这就是茶了。那里比得咱们的茶！"宝玉听说，先自己尝了一尝，并无清香，且无茶味，只一味苦涩，略有茶意而已。尝毕，方递与晴雯。只见晴雯如得了甘露一般，一气都灌下去了。宝玉心下暗道："往常那样好茶，他尚有不如意之处；今日这样。看来，可知古人说的'饱饫烹宰，饥餍糟糠'，又道是'饭饱弄粥'，可见都不错了。"

这段文字，写了贾府之外的饮茶情节，是下等人家的饮茶，感觉上就与贾府中及妙玉处的饮茶有天壤之别。虽然都是生活的细节，但从文学的角度揭示出钟鸣鼎食之家与普通百姓家庭的生活差别。

《儒林外史》是清朝另一部著名的长篇小说，作品以反对科举制度为中心对当时的社会风尚及人伦关系进行了揭示与批判。在这部作品中，对于茶的描写也有数次，其中提到的茶有梅片茶、银针茶、红枣茶、六安茶等。在这部作品的第41回《庄濯江话旧秦淮河、沈琼枝押解江都县》中，描写了秦淮河畔的茶市，整个描写细腻、逼真，栩栩如生，读来如在眼前：

> 话说南京城里，每年四月半后，秦淮景致，渐渐好了。那外江的船，都下掉了楼子，换上凉棚，撑了进来。船舱中间，放一张小方金漆桌子，桌上摆着宜兴沙壶，极细的成窑、宣窑的杯子，烹的上好的雨水毛尖茶。那游船的备了酒和馔及果碟到这河里来游，就是走路的人，也买几个钱的毛尖茶，在船上煨了吃，慢慢而行。到天色晚了，每船两盏明角灯，一来一往，映着河里，上下明亮。

这段描写，如同一幅风景画，将秦淮河畔的茶市细致地描写出来。

另外，像《金瓶梅》、《老残游记》等作品中都有关于茶的描写。像《老残游记》第九回《一客吟诗负手面壁，三人品茗促膝谈心》中有这样一段文字：

> 话言未了，苍头送上茶来，是两个旧瓷茶碗，淡绿色的茶，才放在桌上，清香已竟扑鼻。只见那女子接过茶来，漱了一回口，又漱一回，都吐向炕池之内去，笑道："今日无端谈到道学先生，令我腐臭之气，沾污牙齿，此后只许谈风月矣。"子平连声诺诺，却端起茶碗，呷了一口，觉得清爽异常，咽下喉去，觉得一直清到胃脘里，那舌根左右，津津汨汨价翻上来，又香又甜，连喝两口，似乎那香气又从口中反窜到鼻子上去，说不出来的好受，问道："这是什么茶叶？为何这们好吃？"女子道："茶叶也无甚出奇，不过本山上出的野茶，所以味是厚的。却亏了这水，是汲的东山顶上的泉。泉水的味，愈高愈美。又是用松花作柴，沙瓶煎的。三合其美，所以好了。尊处吃的都是外间卖的茶叶，无非种茶，其味必薄；又加以水火俱不得法，味道自然差的。"

这样一段描写，既写出了茶的清香清爽，不同于寻常的茶；又写出了茶所以好吃的原因，是因为茶是山上的野茶，水是山顶上的水，用沙瓶煎茶，松花当茶，此茶当然为一般茶水所不能比，从中可以看出古人吃茶的考究。不仅需要好茶，而且要好水，好器具，好柴火，这样烹出的茶才可以称得上是上品茶。

在我国的戏剧创作中，也有许多作品提到了茶，最著名的当属老舍先生在50年代发表的话剧《茶馆》。这部剧以高度的艺术概括性表现了从1898年戊戌政变失败到抗日战争后五十多年社会变化的历史，生活画面十分广阔。这段社会历史的表现不是通过写急风暴雨式的革命运动，而是通过一个茶馆这样社会的一角，自然而然地透露出整个社会变动的信息。正像作者老舍认为的那样，一个大茶馆就是一个小社会，作者把他们集中在一个茶馆里，用他们生活和命运的变迁来反映社会的变化，反映出当时社会的黑暗。因而，这样一部《茶馆》就有了深刻的社会历史内容。

另外，在我国现当代的许多作家的作品中，尤其是一些散文、小品文作品中，都有多处提及饮茶、品茶，如朱自清、周作人、林语堂、汪曾祺的散文里都提到过茶，可以见出文人对茶特别的欣赏。这里不一一引用。

3. 茶歌与茶舞

中华民族是一个勤劳、善良、智慧的民族，又是一个富有想象力和艺术气质的民族，在长期的劳动实践中，在劳作之余，创造了歌舞这样的艺术形式，既表现劳动与生产，同时又丰富着人们的生活。而茶歌茶舞也是在茶农长期的劳动中，逐渐产生和发展起来的一种艺术形式。

有关茶歌茶舞的记载，最早见于一些唐诗，如杜牧《题茶山》中"舞袖岚侵涧，歌声谷答回"可以看出茶农在山间茶丛里歌声唱和、挥袖起舞的情形。另，唐诗中刘禹锡的《西山兰若试茶歌》、皎然的《茶歌》、卢仝的《走笔谢孟谏议寄新茶》被一些茶研究者认为是茶歌，尤其是卢仝的茶歌，时至宋代被配以器乐演唱，可以看作文人茶诗变为民间歌词的典型。

一般意义上的茶歌是指茶农在日常生产劳动及生活中创作出来的民歌。它们反映出茶农的生活及感情，因为是茶农自己的创作，所以风格朴素自然，率直活泼，富有生活气息。如清代流传于江西武夷山茶区的民歌：

清明过了谷雨边，背起包袱走福建。

想起福建无走头，三更半夜爬上楼。

三捆稻草打张铺，两根杉木做枕头。

想起崇安真可怜，半碗腌菜半碗盐。

茶叶下山出江西，吃碗青茶赛过鸡。

采茶可怜真可怜，三夜没有两夜眠。

茶树底下冷饭吃，灯火旁边算工钱。

武夷山上九条龙，十个包头九个穷。

年轻穷了靠双手，老来穷了背竹筒。

这首茶歌写得直白朴素，但形象地写出了旧时茶农不幸的生活，像"三捆稻草打张铺，两根杉木做枕头"、"半碗腌菜半碗盐"，"老来穷了背竹筒（即当乞丐）"这样的句子，句句平实，字字辛酸，将茶农的不幸与痛苦表达出来。

茶歌内容丰富，有反映茶农们在不同季节劳动情况的，如湖南《茶歌》：

二月花朝初开天，双双对对整茶园。

哥施肥来妹淤土，谷雨多摘'白毛尖'。

三月清明茶发芽，姐妹双双采细茶。

双手采茶'鸡啄米'，来来往往蝶穿花。

> 布谷声声叫得慌，农家四月两头忙。
>
> 插得秧来茶已老，采得茶来麦又黄。

这首诗描写了阳春时节，茶农们在田野及茶园里辛勤忙碌的情景。

有的茶诗坦率地表达了男女青年的爱慕之情，感情袒露率直，具有清新的民歌风味：

> 姊妹过江去采茶，江流尽处是郎家，
>
> 莫到江心起波浪，浪花虽好只空花。

有的茶歌与茶在婚俗中的意义有关。因为人们对茶树习性的认识局限于从种子萌芽，不可移植，因此把茶看作是一种至性不移、忠贞不贰的象征，许多地方男女订婚以茶为礼，女子受聘礼，称之为"受茶""吃茶"，并有"一家女不吃两家茶"之说，即一家女不寻两个婆家的意思。这在茶歌中也有歌吟：

> 不曾见灯花会结果，不曾见铁树会开花，
>
> 好马不受两鞍辔，好船不用两桨划，
>
> 好女儿不吃两家茶。

这首茶歌语言虽粗放但不粗俗，泼辣而不失真挚率直，比喻形象，语言生动，为难得的民间茶歌。

新中国成立后，随着茶农们政治经济上的解放及文化生活上的日渐丰富，茶歌创作也逐渐繁荣，既有民间本来的茶歌，又有文艺工作者深入生活后的佳作。像著名的《请茶歌》，由集体作词，解策励作曲，歌词如下：

同志哥！请喝一杯茶呀，请喝一杯茶，井冈山的茶叶甜又香啊，甜又香啊。当年领袖毛委员呀，带领红军上井冈呵。茶树本是红军种，风里生来雨里长；茶树林中战歌响呵，军民同心打豺狼，打豺狼啰。喝了红色故乡的茶，同志哥！革命传统你永不忘呵，意志坚如钢啊，啊！革命意志你坚如钢。

同志哥！请喝一杯茶呀，请喝一杯茶，井冈山的茶叶甜又香，甜又香啊。前人开路后人走啊，前人栽茶后人尝呵。革命种子发新芽，年年生来处处长；井冈茶香飘四海呵，棵棵茶树向太阳，向太阳啰。喝了红色故乡的茶，同志哥！革命传统你永不忘呵。意志坚如钢啊，啊！革命意志你坚如钢。

这是一首十分著名的女声独唱歌曲，表现出茶区人民对子弟兵的深情厚谊，歌曲真挚、热情、高亢，蕴含着一种深切而真挚的感情，这首歌，至今仍受人们喜爱，仍被经常咏唱。

在四川的革命老区，也流传着类似的《请茶歌》。

周祥钧的《龙井茶，虎跑水》、福建民歌《采茶灯》都属于茶歌中的佳作。《采茶灯》如下：

> 百花开放好春光，采茶姑娘满山冈。
>
> 手提着篮儿将茶采，片片采来片片香。
>
> 采到东来采到西，采茶姑娘笑眯眯。
>
> 过去采茶为别人，如今采茶为自己。
>
> 茶林发芽青又青，一颗嫩芽一颗心。
>
> 轻轻摘来轻轻采，片片采来片片新。
>
> 采满一筐又一筐，山前山后歌声响。
>
> 今年茶山收成好，家家户户喜洋洋。

除以上我们提到的茶歌外，在汉族及其他少数民族中，还存在着一些采茶调、打茶调、敬茶调、献茶调等，它们富有地方特色及民族特色，为人民群众所喜闻乐见。

茶舞也是一种民间舞蹈形式，它产生于茶农们的生产与生活，是茶农劳动与生活的艺术表现。茶舞又常常是和茶歌联系在一起的，人们在劳动之余，一边放声歌唱，一边翩翩起舞，兴之所至，手舞足蹈，引吭歌唱。在我国，宋代有一种采茶戏，宋之后又有一种"采茶扑蝶舞"。在福建、广西、江西、安徽、浙江一带，有一种常见的民间舞蹈形式"采茶灯"，还有的叫"茶篮灯"、"壮采茶"，又有的简称"茶灯"等，这是一种在南方最常见的茶舞形式。因为地域不同，跳法各异。在浙江一带，是由十二个男扮女装的儿童手执不同花色的花篮，变换着不同的队形，边舞边唱十二月采茶歌。还有的跳法是一男一女或一男二女表演，主要表现在茶园里劳动采茶时的情景。

在茶歌茶舞中，有一个很著名的《采茶舞曲》，由周大风作词作曲，展现出江南茶园风光如画的景象，表现出采茶插秧的男女青年你争我赶、辛勤劳动的繁忙景象：

溪水清清溪水长，溪水两岸好呀么好风光。哥哥呀你上畈下畈勤插秧，妹妹们东山西山采茶忙。插秧插到大天亮，采茶采到月儿上；插得秧来匀又快，采得茶来满山香。你追我赶不怕累，敢与老天争春光，争呀么争春光。

溪水清清溪水长，溪水两岸采呀么采茶忙。姐姐呀你采茶好比凤点头，妹妹呀你摘青好比鱼跃网。一行一行又一行，摘下的青叶往篓里装；千篓万篓堆成山，篓篓嫩茶发清香。多快好省来采茶，好换机器好换钢，好呀么好换钢。

4. 茶与美术作品

广义的美术是一种造型艺术，包括绘画、雕塑、建筑等。狭义的美术一般是指绘画。我们这里谈的主要是关于茶的绘画情况。

绘画作为一种反映现实生活的艺术形式，几乎是和人类的历史一样久远的。早在旧石器时代人类居住的山洞中，就留有人类早期的画作。关于茶事的绘画肯定也与人类制茶饮茶的历史一样悠久，起码在晋代就已经出现了。但因为没有流传下来，所以已不可考。

在现有的茶绘画作品中，最早的当属唐代的《调琴啜茗图卷》，关于此画的作者实际上已不可考，有人认为是周昉所作。画面上是五个女人，两旁各侍立着一位女性，身材略细，端着茶盘茶杯。中间坐着的三位，体态丰腴，高髻云鬓，衣裙曳地，华丽富贵，无论是衣着还是体态上，都属于典型的唐代贵族妇女。她们三人中，一个正在调琴试奏，另外两人或啜茗，或听琴，神态安详自在，悠然自得。这幅画卷，现在看来已有些模糊，但属于很珍贵的古代茶绘画作品，从中可以看出唐朝上层社会妇女品茗赏乐的风尚。

据史料记载，南宋著名画家刘松年曾经画过一幅《斗茶图卷》。刘松年是当时钱塘（今杭州）著名画家，擅长人物山水。只可惜这幅画《斗茶图卷》虽有文献记载，但真迹已无处查寻。

宋代有一种画像砖，实际上是在汉代以前就流行的雕刻绘画的形式。在宋代流传下来的作品中，有一件北宋妇女烹茶画像砖。画面上是一位妇女，高髻长裙，正在一边煮茶一边细心擦拭茶具。画面的灶台上还摆放着一些茶壶茶碗等。人物神态宁静，画风古朴典雅，十分珍贵。

元代时，有一幅完整珍贵的茶绘画作品流传下来，这就是赵孟頫的《斗茶图》。赵孟頫是元代很著名的画家，其《斗茶图》画的是斗茶者双方正跃跃欲试准备斗茶的情形。左边的一人，袒胸挺肚，右手提壶，左手擎盏，一副自信夸耀对对方不以为然的神态。他后面的小侍童，也正在提壶把盏，将茶汤注入杯中，仿佛在为主人加劲。右边的斗茶者，神态比较含蓄，但看得出他胸有成竹，正在细细倾听对方的介绍，然后予以反驳。他身后的小童则用惊奇的神态望着对方斗茶者。在双方的身后，放着茶担。从斗茶者的打扮神态看，不像上层人士，不像文人墨客，而像是引车卖浆者流。这幅画富有生活气息，人物形象栩栩如生。从中可以明显地看出宋代斗茶的风尚，也可以说明当时的斗茶已不仅是上层人物独宠的游戏，它已经在民间展开。

时至明代，就有比较多的茶绘画作品流传下来。它们是唐寅的《事茗图》、文徵明的《惠山茶会图》、丁云鹏的《玉川煮茶图》。

唐寅的《事茗图》是一幅笔致细腻的山水人物图卷。画面的背景是一个依山傍水的山村，远处山势绵绵，近处松树郁郁，潺潺的流水依山而下，在这样一种山清水秀松树掩映的环境里，有几间错落有致的茅舍。中间的茅舍里，一位读书人模样的人正置茗以待。小桥流水处，一位拄杖老者正缓缓走来，身后跟着一位小书童，仿佛是如约而至。一侧的茅舍里，正有一人在煮水烹茶。这幅画画面清晰细腻，构图完整，山水人物俱佳，内中还仿佛有故事情节在展开。这幅画卷上还有唐寅题的一首诗："日长何所事，茗碗自赍持，料得南窗下，清风满鬓丝。"可谓诗情画意尽出。

文徵明的《惠山茶会图》画的是一幅即将开始的茶会景象。在山石绵延、松木葱茏的郊外，有一个茶亭，亭旁山路崎岖、树木成荫，亭内有口井，井边坐着两位老者，似乎正在等待着来人。一旁的山路上，正有两人走来，旁边有小童引路。亭旁，有一只矮脚桌，桌上有茶具，一旁有烧茶的风炉。一位看来是坐东的年长者正拱手抱拳，向来人致意。这幅画栩栩如生地描画出明代茶会的情况。

丁云鹏的《玉川煮茶图》，画的是唐代诗人卢仝，他因作著名的茶诗《走笔谢孟谏议寄新茶》而著名，其号玉川子也被人们津津乐道。画面的中心人物是卢仝，他坐在蕉下石旁，手持羽扇，正凝视着煮茗的风炉。在他的身后，有两株芭蕉样的植物，叶柄挺阔，身后的右侧，有一块奇特的山石，山石前的石桌上，摆放着茶壶茶碗。两侧，有老妪老仆手持茶盘茶壶伺候。这幅画构思别致，人物描绘栩栩如生又形神兼具，整幅画面的情调安宁静逸，观之如身临其境，仿佛进入一个宁静清幽的品茗世界，与画中主人一起分享品茗的乐趣。

清代画家薛怀的《山窗清供图》，构思简单，画面清丽，乍一看来仿佛一幅素描图，图中画有大小茶壶各一件和一只盖碗，画面的左上方，题有诗句："沾牙旧姓余甘氏，破睡当封不夜侯"。左下方有一首六言诗："洛下备罗案上，松陵兼列经中，总待新泉活火，相从栩栩清风。"一幅简单的茶具图，经两首小诗一点缀，情调、情趣跃然画面，意境尽出。

关于古代的茶绘画作品还有许多，这里不一一列举。从这样一些绘画作品里，我们可以看出饮茶在我国的发展情况。这些作品既可以帮助现代人了解当时的饮茶方式与风俗，是一幅幅活生生的饮茶习俗画，又可以见出我国各个朝代的绘画情况。在今天，这些茶绘画作品，不仅具有宝贵的史料价值，还有着丰富的艺术价值。

5. 茶与楹联

楹联，是指挂或贴在堂屋前部柱子上的对联，泛指对联。对联是中国文学中一种特有的形式，体现了汉语言文字一字一音、一音一义、字形方正、音节分明的特色，因而为汉语言文学所独有。对联为上下两句，或上下两联，实际上是中国古代诗词形式的演变，像古代律诗的中心四句实际上就是两句对联。对联的字数不限，但要求平仄相对，词性相对，对偶工整，整齐美观。

对联的应用范围很广，广义概念上的对联包括春联、婚联、寿联、挽联、楹联、贺喜联、题赠联、戏对等等。楹联最早始于五代时期，相传后蜀国王孟昶曾给宫门口的两块桃符写了一副对联："新年纳余庆，嘉节号长春"，一般认为，这是对联的开始。宋代时，对联被广泛地用在楹柱上，后推广到婚丧喜庆、馆阁楼台等各种场合和地方。唐宋之际，饮茶之风日益兴盛，尤其受到文人墨客的推崇。品茗吟诗，本来就是最富雅兴的事，于是就有了茶联这样一种文学形式。但留下记载比较多的是在清代。

茶联以在茶叶的产地和茶楼集中的地方最多。如四川省是我国西南三省之一，是最重要的茶叶原产地，这里生产的优质品茶很多，饮茶历史也十分悠久，茶馆随处可见。人们在劳动生活之余，邀三五知己朋友，或家人亲友一起去茶馆是十分经常的事。在四川的茶馆里，茶联随处可见，这些茶联，或咏茶，或吟水，或状山水名胜，或写茶史上的重要人物，这些对联所营造出的文化氛围，引导着品茶者进入一个超凡脱俗的品茗境界，因而别有一番情调。这些对联很多，如：

蒙山顶上茶，扬子江中水。

清泉烹雀舌，活火煮龙团。

花间渴思卢仝露，松下闲参陆羽经。

第一副对联，茶、水相对，引起人们对好茶配好水的遐想。第二副对联，雀舌、龙团相对，自然是妙不可言。第三联对联，写的是卢仝与陆羽，一位是曾经写过著名的吟茶诗的诗人，一位是写下第一部茶学专著的茶圣，使人们在品茗之余，在花间松下，遥想两位古人，因而进入一个不凡的品茗佳境。

素有天堂之称的杭州，以一个美丽的西湖名闻天下。西湖美景数不胜数，美不胜收。这里又是吸引文人墨客吟诗弄赋、友朋相聚的佳处，因而在各个景点上都有一些对偶工整、诗句优美的对联。像西湖楼外楼联："屈醒陶醉随斟酌，春韭秋蕙入品题"；像西湖三雅园联："有山皆图画，无水不文章"；像西湖白公祠对："但是人家有遗爱，曾将诗句结风流"等等，不一而足。这些对联绘景状物、写人叙事，别具情致。而西湖一带又是盛产绿茶龙井的地方，这里的绿茶名品西湖龙井遐迩闻名，因此，在西湖一带，茶馆特别多。人们在西湖荡舟赏景、流连忘返之余，随意进一茶室，面对着远处青山，近处绿水，大概会想起苏东坡的诗句："欲把西湖比西子，淡妆浓抹总相宜"。非常有趣的是，在杭州藕香居的茶室里，有一副集东坡诗句的茶联：

> 欲把西湖比西子，从来佳茗似佳人。

将西湖与西子相比，佳茗与佳人相对，将西湖的美丽景致与佳茗的清芬韵味都衬托出来，情韵生动，比喻别致。

龙井不仅产好茶，而且有好水，好水好茶，历来是品茗者的一个讲究。在杭州西湖一带的茶室里，就有一些对联将茶与水并举，如：

> 泉从石出情宜冽，茶自峰生味更圆。

> 秀萃名湖，游目频来过溪处，

> 腴含古井，怡情正及采茶时。

在杭州著名的茶人之家，在正门门柱上有茶联，在会客室的门前木柱上有茶联，在陈列室的门庭上又有茶联，一处一联，联联写茶，将茶的清香、饮茶时飘飘欲仙的感受以及对茶的爱好都状写出来，它们是：

> 一杯春露暂留客，两腋清风几欲仙。

> 得与天下同其乐，不可一日无此君。

> 龙团雀舌香自幽谷，鼎彝玉盏灿若烟霞。

自对联这种特有的文学形式出现后，历代文人雅士中咏吟最多而且写下最多的当属"扬州八怪"之一、清代有名的才子郑板桥。郑板桥诗、书、画俱工，擅饮茶，又极富情趣。他所写的茶联用语贴切自然，富有雅趣，将诗人自己的性格、爱好及品味都写了出来。如：

> 汲来江水烹新茗，买尽青山当画屏。

这副对联现在江苏镇江焦山的吸江楼上可以看到，前一句写水写茶，后一句意境大气，潇洒之姿独具，可以说是诗人自己品味、襟怀的写照。再如：

> 墨兰数枝宣德纸，苦茗一杯化成窑。

将文人与茶联系在一起。

郑板桥一生刚直不阿，体察民情民意，是有名的清官。无论做人与做文，都是贴近民众、贴近自然，其茶联也不例外，用语浅近，让人觉得贴切自然，又情趣生动。如：

> 扫来竹叶烹茶叶，劈碎松根煮菜根。

一幅普通百姓清苦的日常生活的写照。再如：

> 雷文古鼎八九个，日铸新茶三两瓯。

将普通的数字嵌进联中，因而别具情趣。

北京人以喝大碗茶而有名，在北京的一家大茶馆里，挂有这样的对联：

> 大碗茶广交九州宾客
>
> 老二分奉献一片丹心

广东人爱上茶楼是十分有名的，茶楼里设有早、中、晚三市，尤以早市为盛。人们在上班之前或下班之后又或节假日，在茶楼里一杯茶、几件点心，细品慢酌，实为一种享受。在广东就有许多著名的茶楼，如陶陶居、莲香楼等。在陶陶居，就有一副著名的茶联，将陶字分别用于上下联的开头，因而将陶陶居不同于其他茶楼的特色表现出来，又因用了四个历史人物，因而极尽典雅：

陶潜善饮，易牙善烹，饮烹有度，

陶侃惜分，夏禹惜寸，分寸无遗。

茶联在我国还有许多许多，但凡名茶产地、茶店、茶楼、茶馆、茶室，几乎都可见到茶联。这些茶联，既有文人骚客的佳作，又有集诗人诗句凑成的趣对，还有当地无名的才子以及普通人写下的佳句。这些对联，用语贴切，雅俗共赏，既写茶，又透着人生哲理和人间真情，内容涉及面广，又意蕴深厚，现辑录如下：

为名忙，为利忙，忙里偷闲，且喝一杯茶去；

劳心苦，劳力苦，苦中作乐，再倒一杯酒来。

只缘清香成清趣，全因浓酽有浓情。

摆开八仙桌，招待十六方。

若能杯水如名淡，应信村茶比酒香。

美酒千杯难成知己，清茶一盏也能醉人。

花盏茗碗香千载，云影波光活一楼。

茗外风清移月影，壶边夜静听松涛。

> 三篇陆羽经，七度卢仝碗。
>
> 为爱清香频入座，欣同知己细谈心。

这样一些情趣盎然、雅俗共赏的茶联在我国随处可见。它们丰富着茶文化的内容，为品茗这一本来就高雅的生活方式增添了雅兴。

（三）美丽动人的茶的传说

中国的名茶大多出自江南。江南的明山秀水不仅孕育生产出了种类繁多的茶叶名品，而且，在这块美丽的土地上，还流传着许多关于茶的美丽动人的传说。在长期的劳动实践中，富有想象力和创造力的人民，以自己美好浪漫的想象，丰富着关于茶的传说，给茶这一普遍受到人们喜爱的物产增添了瑰丽的民间文化色彩。

1. 西湖龙井与十八棵御茶的传说

坐落于浙江杭州的西子湖，群山环抱。在连绵的群山之间，有一座狮峰山。山上林木葱茏，溪水长流，云蒸霞蔚，绿树苍苍。温和的气候与肥沃的土壤孕育了这里著名的西湖龙井茶。传统的西湖龙井有狮峰、龙井、王云山、虎跑泉四个产地，号称佳茗四绝。其中又以狮峰、龙井为最佳上品。

在狮峰山下有一座胡公庙，庙前有十八棵茶树枝繁叶茂，亭亭如盖，被称为"十八棵御茶"。说到它，还有一段十分神奇的传说。

相传在清代乾隆年间，风调雨顺，国力强盛。喜爱周游天下的乾隆皇帝出巡江南，来到美丽的南国名城杭州。在西子湖畔，三潭印月、雷峰塔、美丽迷人的湖光山色使乾隆皇帝大饱眼福。意犹未尽之际，提出要去看看平时最爱喝的龙井茶树。

当皇帝在众多随从的前呼后应下来到狮峰山时，只见群山连绵，泉水潺潺，茶园飘香，鸟鸣其间。秀美的采茶姑娘与山明水秀的西子湖一起构成了一道迷人的景致，真像白居易诗歌里说的那样："江南好，风景旧曾谙。"当兴致勃勃的乾隆皇帝来到狮峰山下的胡公庙时，等候已久的老和尚恭恭敬敬地献上了最好的西湖龙井茶。只见精致的茶盏内芽叶舒展，亭亭玉立，碧绿的龙井茶在水中栩栩如生。稍事品尝，但觉一股清香袭来，令人唇齿芬芳，沁人心脾。乾隆皇帝连声称赞好茶好茶，兴之所至，在众人的陪同之下，观看了茶叶的采制过程。

当乾隆皇帝来到胡公庙前时，只见这里的十几棵茶树芽叶新发，分外鲜嫩。乾隆一时高兴，就学着采茶姑娘的样采起茶来。正在此时，忽然传来宫中皇太后生病的消息，急切中将采来的一把茶芽往袖中一放，随即返回京城宫中。其实皇太后并无大病，不过是积食所致，肝火上升。母子俩在一起时，太后闻到乾隆身上一股清香，一问方知是乾隆袖中的龙井茶芽。皇帝忙命宫女泡茶一杯，献给太后。太后饮后，顿觉此茶清冽宜人，连饮几天后，竟神清气爽，身心舒泰，连连称道这茶是灵丹妙药的仙茶。乾隆皇帝遂下旨封西湖狮峰山下胡公庙前的十八棵茶树为御茶树，并派专人看管，年年精心采制进贡宫中。"十八棵御茶"即由此而来。从此之后，这十八棵茶树在当地茶农的精心培育下更加茁壮茂盛。如今，这十八棵茶树仍然以其悠久的历史及传奇性的色彩吸引着来杭州观光的国内外游客，成为杭州西子湖畔的著名景观。

2. 碧螺春的传说

有一首歌唱得好，"太湖美，美就美在太湖水"。坐落在江苏无锡的太湖，不仅以其清澈美丽的湖水驰名天下，而且，出产于太湖之滨洞庭山上的碧螺春茶，以其"吓煞人香"而遐迩闻名。

关于碧螺春茶，民间历来有两个传说。

第一个传说：相传在洞庭湖边的一座山上，常常有一种奇特的异香缭绕其间，香气四溢，飘至远方。周围的人们以为山上有妖精作怪，此香是妖气，因此不敢上山。但有一位勇敢而倔强的姑娘不顾传说的可怕，只身一人来到山上。在半山腰，闻有一股香气飘来。姑娘凭着好奇和一股勇气，继续往山顶攀去。只见几棵茶树生长在山顶陡峭的石缝中。几棵茶树芽叶初展，碧绿青翠，香气清新宜人。姑娘采到了一些放在怀里，一路走下山来。茶叶的清香沿着姑娘走过的路径飘溢开来，等姑娘到家时，已被浓郁的香气熏得醉沉沉的。姑娘忙将茶叶从怀中取出，泡上一杯，几口下去，但觉满面芬芳，沁人心脾。姑娘一边感受着茶叶的香气，一边感叹"吓煞人哉。"然后去山上将这株宝贵的茶树移至洞庭山下，悉心照料培育。几年之后，茶树已长成枝繁叶茂的大树。茶叶的芳香吸引来了四方乡邻，好客的姑娘即以此茶待客。当客人们问及茶的名字时，姑娘回答："吓煞人香。"从此，"吓煞人香"就成为远近皆知的好茶，吸引着茶农广泛种植。再后来，当"吓煞人香"作为贡茶进献皇上时，皇帝觉得此名太俗不雅，遂改名为碧螺春。

关于碧螺春还有一则更浪漫美丽的传说：

相传在很久以前，在太湖边的东西洞庭山上，分别住着一个勇敢勤劳的小伙子和一位美丽善良的姑娘。东西洞庭山之间隔着一座美丽的太湖，隔水相望，真像歌里唱得那样："有位佳人，在水一方。"西山上的姑娘叫碧螺，她常在湖边穿梭织网。碧螺有一副银铃似的好嗓子，唱起歌来如泉水叮咚，甜润清亮。东山上的青年叫阿祥，以打鱼为生。阿祥长得结实魁梧，忠厚朴实，又很善待乡邻，因此很受周围人们的喜欢。阿祥在湖中打鱼时，常听到姑娘甜美的歌声。两人虽未通款曲，但在内心深处已深深相爱了。

天有不测风云。一年春天，太湖中出现了一条恶龙，兴风作浪，狂风暴雨，昼夜不止。恶龙还口出狂言，要碧螺作自己的太湖夫人。一心爱着碧螺的阿祥挺身而出，保护自己心爱的姑娘，并为太湖人民除害。勇敢的阿祥手持一柄渔叉与恶龙在洞庭山上展开了搏斗。经过七天七夜的恶战，阿祥的渔叉终于刺进了恶龙的喉咙，但阿祥也身负重伤。

乡亲们将阿祥抬了回来。碧螺为了报答阿祥的救命之恩，让大家将阿祥抬至自己家中，悉心照料，并为阿祥哼起温柔动听的歌。日复一日，夜复一夜，但阿祥的伤势却一天天在恶化。碧螺为寻求草药，踏遍洞庭山。一天，在阿祥与恶龙搏斗过的地方一，看到了一株小茶树。这株茶树经过阿祥鲜血的滋润，虽寒冬时节，却芽苞初展。碧螺将茶树移到山顶，每日用嘴轻轻呵护茶树的芽苞，以抵抗料峭的寒气。在碧螺的照料下，茶树发出新叶。说也神奇，阿祥喝了这棵茶树的茶叶后，竟觉精神大振。喜出望外的碧螺飞奔到茶树边，采了一大把茶树嫩叶，用自己的体温将茶叶暖蔫，然后每天泡水给阿祥喝。阿祥的身体一天天好起来，但碧螺因为把全部的精神和心血都凝聚在茶树和阿祥身上，身心交瘁，终于憔悴而死。悲痛欲绝的阿祥将碧螺葬在洞庭山的茶树旁。人们为了纪念这位美丽善良的姑娘，将此茶称为碧螺春。

这两则关于碧螺春茶的传说，都具有丰富的民间色彩，融汇着劳动人民的生活体验和道德情感。尤其是阿祥与碧螺的传说，寄寓着人们对美好纯真的爱情的赞美，对善良勇敢者的歌颂，体现出丰富的真善美的内容。

3. 大红袍的瑰丽传说

大红袍是乌龙茶类武夷岩茶中的珍品，与铁罗汉、白鸡冠、水金龟一起被誉为"四大名丛"。而大红袍在四大名丛中又享有极高的声誉，被誉为茶中之圣。

关于大红袍，民间流传着三个美丽的传说。

传说一，勤婆婆与大红袍：

相传在很久之前，在福建省武夷山麓的一个村子里，住着一位老婆婆。老婆婆年过半百，丈夫早亡，膝下无儿无女，很是孤单。但老婆婆靠自己的劳动，靠砍柴种菜、缝补浆洗为生。因为老婆婆心眼好，人又勤快，乡亲们都亲热地称她为"勤婆婆"。

有一年，武夷山大旱，饥荒之年，乡亲们靠挖野菜吃草根为生，许多人面黄腹胀，很是痛苦。一天，老婆婆挖野菜归来，正要熬一碗汤喝，忽然听见外面一阵呻吟声。循声望去，只见一位白发老翁正痛苦地坐在那里。老婆婆忙将老翁搀进屋里，并将刚煮好的野菜汤端给老人喝。老人喝后，顿觉精神一振，好心的勤婆婆又给老人递过来第二碗。出于对勤婆婆的感激，老人将随身带的龙头拐杖送给了勤婆婆。只见这拐杖油光闪亮，龙嘴里含有一枚珠子，做工精细，看来十分贵重。老婆婆心想，自己不过是给别人喝了两碗菜汤，怎么能收这样贵重的物品呢，于是坚辞不受。老人又送给勤婆婆两粒种子，并告诉她具体种法，然后只见一阵香风骤起，老人飘然而去。勤婆婆知道自己是遇到神仙了。她按照老人的说法，用那柄拐杖挖了一个坑，将种子撒播在坑里，浇水培土。不几天，一株绿油油的茶苗破土而出。老婆婆又将拐杖靠在茶树边，说也神奇，只见茶树像得了特殊的养分一样，不多时已长得枝繁叶茂。

勤婆婆欣喜之余，将茶叶采摘一下来，并煮成茶汤款待乡亲们。说也奇怪，这株茶树竟边采边长，取之不尽。更奇怪的是，乡亲们喝了茶汤后，居然不再腹疼肚胀，他们惊喜地称这株茶为"神茶"。

神茶的消息不胫而走。皇帝听说后，命大臣带人将茶树抢来，种在御花园中。皇上为此举行了隆重的盛会，鼓乐齐鸣，文武百官咸集。皇上想亲手采摘茶叶，谁知那茶树像有意捉弄人似的，无论皇上怎样踮脚、踩凳、爬高，茶树总是比皇上高一大截。气急败坏之下，皇上遂下令将茶树连根铲除。

失去了茶树的老婆婆整日哭得像泪人一样，为此老婆婆愁白了头发，病倒在床上。正在这个时候，一天，老婆婆听到窗外有喜鹊的叫声，只见几个好心的男人将皇宫里丢弃的茶树根送了回来。老婆婆又惊又喜，惊喜之下，病就好了。她抚摸着茶树，嘴里不停地喃喃低语，劝茶树赶紧离开这里，并将龙头拐杖靠在树干上。这时，龙头拐杖忽然变成了一片红云，载着茶树在院子上空旋转了三圈，似乎是在与老婆婆及乡亲们依依告别，又似乎是感激老婆婆的照料，然后掠过小院上空，飘然而去。最后，这片红云落在了武夷山半山腰的山岩间。当人们再去看时，那株神奇的茶树已经抽出了新芽。这里山势险峻，峭壁陡立，只有勇敢的不畏艰险的采茶者才能够享受到神茶的美味。后来，这株神茶又发展为三丛，成为最早的三株大红袍。

传说二，太子、太后与大红袍

相传在很久以前的某个朝代，皇后得了一种奇怪的病，茶饭不思，精神不振。宫廷御医搜肠刮肚，开尽天下灵丹妙方，却无疗效。孝敬母亲的太子为救母后，离开王宫，身穿一身布衣，走访民间乡村，寻找救命郎中。有人告诉太子，神仙逸士大多隐居在深山老林，王子觉得在理，便带好盘缠干粮和一柄护身短剑，往深山走去。

当太子跋涉了千山万水来到一座深山时，只见群山连绵，方圆几十里杳无人烟。太子又饥又渴，从一棵大树上采了几个野果充饥，吃着吃着竟昏昏沉沉地睡着了。梦中被一阵救命的呼喊声惊醒，太子猛地睁眼一看，只见一只斑斓大虎正向一位老者扑去。太子急中生智，从背后一柄短剑刺去，救了老者的性命。

善有善报，被救的老者听说了太子此番进山寻药的意图后，为报太子救命之恩，老者告诉太子，他有一位表哥名叫王成，家住武夷山中，其母也曾患过一种类似太后生的病。后经人指点，采来山中一种树叶熬汤，连服几次后竟胃肠舒适，精神大振。太子听后，喜出望外，在老汉的陪同下找到王成，并一起来到武夷山上。只见陡峭的山石间果然长着三棵茶树，中间一棵大些，两边的略小，好像是茶树三兄弟。太子攀上山石峭壁，采下一些芽叶，包在一个红绸包袱里，然后直奔宫中。

果然名不虚传，当太后连喝几碗茶汤后，竟觉精神爽朗，食欲大振，心情也顿觉舒畅。几天后，身心舒泰，病症全无。龙颜大悦的皇帝连下御旨，赐大红袍一件为茶树裹身，以抵挡冬日的严寒，封老人为护树将军，每年采制芽叶进贡宫中。

从此，武夷山中的这三棵茶树便得名"大红袍"。

传说三，秀才与大红袍

从前，有一位秀才，他聪明好学，一意求取上进。一年，他进京赶考，不料在经过武夷山时病倒了。多亏天心庙一位下山化缘的方丈，用武夷山九龙窠的茶叶泡茶，秀才饮了茶水后，便觉精神大振，病症全无。在此休息几天后，秀才抖擞精神，再次踏上赶考的路途。临行时他拜别方丈：倘若今番金榜题名，定重返此地，修整庙宇，一报方丈救命之恩。

果然天遂人愿，秀才在此科举考试中，以第一名的好成绩中了头名状元，并幸被皇帝召为附马。金榜题名，红袖添香，但秀才即使在最得意的时候也没忘记自己对方丈许下的心愿。当皇帝知道情由后，便许他回去看望方丈。当秀才在众多侍从的陪同下，再次来到武夷山时，旧地重游，自然是百感交集。秀才来到天心庙，见到方丈立即下马拱手拜谢。寒暄之后，说到当时秀才生病，方丈为之治疗之事，秀才这才知道，原来当年自己喝的汤汁，不是什么灵丹妙药，而是九龙窠的茶叶煮的茶水。

秀才在方丈的陪同下来到九龙窠，只见绵绵群山，淙淙泉水，云雾缭绕，清风拂面。三棵茶树挺立在山腰上，芽叶新绿，清香宜人。秀才深知在这样宜人的环境中生长出的茶树与神茶无异，便想带些回京，进献皇上。方丈派了最好的茶师焚香祝颂，制成上好的茶叶由秀才带回宫中。

当秀才赶回宫中时，正赶上皇后生病，肚疼腹胀，食寐不安。秀才忙命人取出自己带回的神茶泡上。说也神奇，当皇后喝了茶汤后，竟病意全无，精神一振，身体逐渐好了起来。皇上知道后，非常欣喜，当即赐大红袍一件，由秀才亲自披挂在茶树上，大红袍之名即由此而来。

这三则关于大红袍的传说，虽内容各异，但都从不同侧面和角度丰富着关于大红袍的传说，使大红袍这一茶叶珍品具有了传奇色彩。这些传说，包含着人们的日常生活体验，包含着劳动人民朴素的真、善、美观念及善有善报、知恩图报的思想。

4. 信阳毛尖茶与茶姑画眉

信阳毛尖茶，历来在我国十大名茶中榜上有名。它产于河南省信阳市的山区，这里群山连绵，泉水流淌，云雾弥漫，雨水充足，是产茶的绝好环境。苏东坡曾经说过这样的话："淮南茶，信阳第一"。信阳毛尖又称"豫毛峰"，关于它，还有这样一段传说。

传说在很久很久以前，信阳这个地方并没有茶树茶园，这里到处是光秃秃的荒地。有一年，这里发生了一场大瘟疫，乡亲们又吐又泻，病死大半。在这附近的村庄里，住着一位美丽善良又智慧勇敢的姑娘，为救乡亲们于水火之中，她踏遍周围的群山，到处寻求草药，期望着治好乡亲们的病，为乡亲们解除苦痛。一天，姑娘在山上遇到一位身背药草篓的老人，老人鹤发童颜，面相慈善。当老人听姑娘诉说了乡亲们的遭遇后，非常焦急。他给姑娘讲述了远古时代神农尝百草、日遇七十二毒、得茶而解毒的故事。但老人不知这种茶树是种什么样的茶树，只告诉姑娘，在遥远的西南方向，跨过九十九条江，越过九十九座山，就能找到这种宝贵的茶树。

姑娘为了搭救众乡亲，按照老人的指点，往遥远的西南方向走去。千山万水，路途漫漫，都不能动摇姑娘的决心。当她走到很远的地方时，姑娘也病倒了，她昏昏沉沉地晕倒在一个地方。迷迷糊糊中，姑娘看到身边淙淙流过的泉水中，有几片碧绿的叶子飘过，又累又饿的姑娘从水中捞起叶子并含在嘴中。一种奇迹出现了，刚刚还是昏昏沉沉的姑娘顿时觉得神清气爽。聪明的姑娘暗暗思忖这大概就是那种神奇的茶叶。于是她顺着水流的方向往源头寻去，果然在山林深处的水源地，找到了神奇的茶树。姑娘想到乡亲们因此就能治好病了，她高兴得又唱又跳，几乎忘记了一路的疲劳和艰难。

山上一位打柴的老樵夫看到姑娘高兴的样子，便询问起缘由。当他听姑娘讲明原因后，便称赞姑娘是个善良的女孩。但老人接着告诉姑娘，这种茶树的茶籽在采下来后，必须在三九二十七天里栽到土里，否则就不能成活。想到自己走了九九八十一天才来到这里，姑娘急得掉下泪来。这位老人原来是位老神仙，他有感于姑娘的善良，用杨柳枝往姑娘身上洒了几滴露水，将姑娘变成了一只美丽的画眉鸟。然后，这只由姑娘变成的画眉鸟衔起珍贵的茶籽，扑闪着轻巧的双翅，往家乡的方向飞去。

这只画眉鸟再次越过了千山万水，回到了自己的家乡。当她眼看就要到家时，心里一高兴，情不自禁地唱起歌来，结果将茶籽掉在了峭壁中的石缝里。因为石缝太深，无法取出茶籽，无奈画眉鸟又用牵牛花变成的花篮和水桶，一次一次地往石缝中运土运水，终于使这棵长在石缝中的茶树发出了新芽。但画眉鸟却因为过分的劳累晕倒在茶树旁，变成了一块美丽的美女石。

当这里的乡亲们喝了用这棵茶树上的茶叶冲泡的水后，马上神清气爽，水到病除。说也奇怪，那块由画眉鸟变成的美女石在一场雨水之后，竟然长出了牵牛花的花芽，继而又变成了牵牛花朵，然后又变成了一颗颗鸟蛋，最后变成了美丽的画眉鸟。这些画眉鸟唱着悦耳动听的歌，帮助茶农们捉茶树上的害虫。人们为了纪念那位变成画眉播种茶籽的姑娘，给这种画眉鸟起了一个好听的名字——茶姑画眉。

现在，在信阳一带的产茶区，还可以到处看到这种可爱的画眉鸟。人们把信阳毛尖和茶姑画眉联系在一起，给信阳毛尖这一茶叶精品增添了瑰丽浪漫的传奇色彩。

5. 蒙顶茶的传说——蒙顶玉叶

四川被称之为天府之国，产于四川蒙山的蒙顶茶被誉为中国名茶中的珍品。关于蒙顶茶，有这样的说法：若教陆羽持公论，应是人间第一茶，可见此茶的珍稀可贵。根据史料记载，蒙顶茶已有2000多年的历史，相传在西汉末年，蒙山寺院里有位禅师普慧，在山上种了七棵茶树。这几棵茶树虽经数载春秋，但岁岁发芽，枝繁叶茂。因为这种茶叶治病强身，人们便称之为"仙茶"。关于蒙顶仙茶的由来，有这样一个传说。

相传在很久很久以前，有一位老和尚身患疾病，病势很重，医药无效。正在焦急之时，有一位老翁告诉他，若在春分时分采摘蒙顶山上的茶叶——蒙山玉叶，用当地泉水煎服，可治宿疾。如果长年服用，就可强身健体，永无疾病。老和尚信服老翁的话，便按照老翁所言如法饮茶，服用后身体果然康复，而且久用后身强体健，如同壮年。于是老和尚就找了一位老汉长年帮他培植茶树并焙制茶叶。

至于这种茶何以称为玉叶，还有这样的说法：制茶的老汉早年亡妻，只有一个女儿与他相依为命。女孩生得十分灵秀，年方二八，因出落得和"玉叶"那样受人喜爱，所以取名玉叶。一天，玉叶下山买东西时，遇见几位恶少，恶少见玉叶生得清丽秀美，便拦住她欲行不轨。玉叶情急之下，大喊救命。正巧以砍茶为生的青年王虎路过这里，听见玉叶的喊声，王虎直奔过去，见此情景，侠肝义胆的王虎手持木棍向恶少打去，恶少们被他打得头破血流，抱头鼠窜。玉叶得救了，但正是因为这件事情，种下了两个青年爱情的种子。

王虎是个穷人家的青年，家里有一老母，母子俩相依为命。王虎的母亲有眼疾，孝顺的王虎听说蒙顶山上的玉叶可以治此眼疾，便登上蒙顶山，为母亲寻药治病。当他来到山上时，正遇上玉叶，玉叶听说王虎的来意后，就带上自己看管的玉叶茶，随着王虎来到家里。王虎的母亲用了茶汤后，十天时间，竟眼疾全无。一对相爱的年轻人也终成眷属。

善良的玉叶为了给更多的人解除病痛，便在山下给人治病，并教给人们种茶制茶的方法。自此，蒙顶茶远近闻名。

从唐朝以后，即作为贡茶一直向宫廷进奉，因此，此茶更成为茶叶中的珍品。

6. 铁观音的传说

产于福建省安溪县的铁观音茶，是乌龙茶中的精品。关于铁观音的由来，有这样两个传说。

相传在清代乾隆年间，有一位读书人名叫王士让。这位读书人既能读书，又喜欢遍历名山大川。一天他在山上，见到了一株茶树，这株茶树长在南峰山腰的岩石边，外形十分奇异。于是，他将茶树移栽到了山下，精心照料，茶树枝繁叶茂，茶香飘至四面八方。后来，这种茶作为贡茶献给乾隆皇帝。皇上见此茶外形紧实，如同观音双手合十，便赐名为"铁观音。"

另有一个说法：在安溪县里住着一位姓魏的老农，老农心地慈慧虔诚，每天一早都要向家中所供观音进香献茶。也许是精诚所至，有一天夜里，老农在睡觉时梦见自家屋后的岩石缝里长出了一棵茶树，这棵茶树香气四溢，流光溢彩，非常神奇。第二天一早醒来，想起梦中之事，老人便非常纳闷，莫非是观音显灵托梦于他。于是，老人便按照梦中情形到了屋后的山上，果然在那里看到了一株茶树。这株茶树的茶叶色彩如铁，芳香非常。周围的人们知道茶树的来历后，以为此茶是观音所赐，便称之为"铁观音"。

7. 太平猴魁茶的传说

产于安徽省太平县的太平猴魁是绿茶类中的名品，其茶质细嫩，制法讲究。关于它，有这样几个传说。

传说一，相传在古代时候，有一山民进山采茶，行至山腰时，忽然闻到山上有一种香气扑鼻而来，抬头望去，只见几株绿油油的茶树生长在陡峭的山石之中。山民欲采摘茶叶，无奈山高路险，只得作罢。但他又不甘心好端端的茶叶放在那里，可望而不可即。于是，他想来想去，心生一计。他专门驯养了几只猴子。当茶叶成熟的时节，给猴子背上口袋，让它们去替他采摘。几只猴子果然不负所望，采来新鲜的茶叶，冲泡后香醇无比，可以说是众茶之魁，又因是猴子所采，故而起名为"猴魁"。

传说二，相传在很久以前，在南京城里，有母子二人经营着一家茶店。一年，儿子赵成到安徽太平去购买茶叶，到了那里后，将随身所带的银子赠给了一家十分贫穷的母女。那位老人看赵成诚恳善良，忠厚可靠，就把自己的独生女儿许配给了赵成。女孩名叫猴魁，生得聪明伶俐。新婚之夜，猴魁作了一奇怪的梦，梦见一位仙翁托梦给她，告诉她在山上很高的地方，在一线天处，有一株奇特的茶树，如果能够采到，可以包治百病。第二天，猴魁按照仙翁指点，攀上高山，在一线天处，采得茶叶。猴魁并未将此事告诉丈夫，而是悄悄地将茶叶藏了起来，以备不时之需。后来，丈夫欲回南京，带了妻子、岳母同行。行至京城时，看到皇帝张榜重金悬赏良医良药，为公主治病。猴魁看后，毅然代丈夫揭榜。然后，拿出自己的茶叶让丈夫带进宫中。果不其然，公主喝了此茶的茶汤后，身体由病危至康复。皇帝惊喜之下，问此茶名，赵成急中生智，回答说是猴魁茶。从此，猴魁茶声名大振，远近闻名。

8. 猴公茶的传说

有这样一种说法：茶数白毛猴，猴公胜白毛。这里指的是福建省产的猴公茶。关于猴公茶，有这样一个传说。

相传在多年以前，福建省境内的朝天岭，是猴子们居住的地方。在山脚下，住着一位老婆婆，她心地善良，以接生助产、缝补浆洗为生。一个寒冷的冬天的晚上，老婆婆已经睡觉了，忽然听见外面有敲门的声音。老婆婆以为肯定是一位女人又要临产了，她急忙打开门一看，只见一只黑毛公猴站在门外，将她吓了一跳。老婆婆正要关门，猴子焦急地拉着老人的衣角，并用乞求的目光看着她，然后硬拉着老人往山上走去。老婆婆想大概是有猴子病了，来不及多想就跟随着公猴来到山上的洞里。只见一只临产的母猴正在洞中痛苦地呻吟着。善良的老婆婆帮助母猴接生，不一会儿，一只可爱的小猴子出生了。老婆婆松了一口气。正当她要转身离开时，只见猴公拿了一包茶籽，双手捧给老婆婆。老婆婆拿着茶籽，往山下走去。因为天黑路远，有一些茶籽丢在路上。老婆婆回家后，将剩下的不多的茶籽仔仔细细地种在屋前的山坡上，不长时间就长出了一株株绿油油的茶树苗。在她走过的路上，那些丢落的茶籽也有新苗长出。老婆婆高兴极了，每当茶叶成熟时节，总要亲自采制茶叶，并热情地用此茶款待四方乡邻。人们吃到这种香味异常的茶，总要问一下这是什么茶。老婆婆便很高兴地讲述一下这茶的来历，并给这茶起了一个名字叫"猴公茶"。

9. 庐山云雾茶的传说

庐山云雾茶产于江西九江地区的庐山，这里傍湖临江，气候宜人，是产茶的绝好地方。关于庐山云雾茶，有这样两则传说。

　　相传在很久以前，有一位叫阿虎的苗族青年，带了一包茶籽，骑着一匹白马来到了庐山。只见庐山山峰俊秀，云雾缭绕，其地势气候十分适宜于种茶，于是就在这里的苗族居住区住了下来，以种茶为生。这里到处都被阿虎种上了茶树，人们靠卖茶叶换来的钱买米买盐，日子过得十分安静。

　　天有不测风云。一天，一位县官走到这里，好客的阿虎忙用上好的明前云雾茶待客。县官不辨好歹，以为此茶叶大条粗是劣等茶叶，等阿虎讲明并亲自品尝后，方知此茶的芳香清醇。于是，他向阿虎要了一包云雾茶，准备进京后献给皇上。

　　皇上喝了云雾茶后，品出这是难得的好茶，便询问起茶的来历。县官为取悦皇上，遂向皇上献计，将阿虎招进京城为皇上种茶。当阿虎进京时，苗家的乡亲们依依不舍，他们一遍遍地叮咛阿虎要早些回来。一年过去了，两年过去了，许多年过去了，仍然不见阿虎的身影。乡亲们四处打听，才知事情的真相。原来阿虎虽然也在京城培育种植了云雾茶，并精心培制出茶叶，但终因云雾茶离开了原来的生态环境而与原先的云雾茶大不一样。皇上认为阿虎有欺君之罪，于是将阿虎赐为一死。

当乡亲们听说了阿虎的遭遇后十分悲痛,他们常常在一起思念着阿虎,希望着能出现奇迹,阿虎会再回到庐山。也许是乡亲们的心情感动了上苍,每当庐山上空的云雾升起时,总能看见云雾中有一匹白马在缓缓地奔来。乡亲们想,那是阿虎在向这里走来。

传说二,相传在东汉时期,庐山因为多有寺院,僧侣云集,这里的种茶业也十分兴盛。那时,在这里的一个村子里,住着五位茶农,他们分别姓赵、王、刘、李、吕,以种茶为生。五位茶农辛勤耕作,养家糊口。不久他们的儿子都长大了,并且各自都娶了媳妇。时光荏苒,许多年过去了,五位茶农也都成了老人。因为体力日衰,不再能干活了,便逐渐地受到媳妇的不恭和虐待。姓赵的老头不堪忍受,便独自去了山上。不久,王姓老头也被逼得离开了家,到山上找到了赵老头。他们一起下山将另外三位老人也接到了这里。

五位老人聚集在一起,除了赵老头外,其他四位都为将来的生活来源着急,只有赵老头不急不躁。等四位老人吃完饭后,赵老头告诉他们,他在临上山时,带了一包上好的茶籽,老人深信自己一生种茶,茶种一定会帮助自己。于是老人就将带来的茶籽种在了山上,这些茶籽如今已长出了碧绿的茶树，结出了上好的茶叶，每年都有客商来这里用重金购买此茶，并为老人带来必需的生活用品。四位老人听说后，都十分高兴，决心在山洞中安居下来，并再以种茶为生。

后来，这五位老人都心情舒畅，身体硬朗，每一位都活过了九十岁，比他们的儿媳妇寿命都长。老人去世后，这里的一片茶园仍保存下来，人们为纪念老人，将这里的山峰称之为"五老峰"，山洞称之为"五老洞"，将老人种植的茶称之为"云雾茶"。

10. 张飞与擂茶的传说

擂茶主要是土家族人爱喝的一种茶。此茶又名三生汤，用生茶叶、生姜、生米三种原料煮成。关于擂茶还有这样一个传说。

相传在三国时代，大将张飞率兵在湖南武陵一带打仗。路过乌头村（今桃花源）时，正值酷暑炎热时节，瘟疫蔓延，许多将士都病倒了。张飞眼看此种情形束手无策，军令在身不得耽误，他心急如焚却无可奈何。在这附近的山上住着一位老人，久仰张飞、刘备、关羽的大名，今见张飞带兵来此，军中有难，但张飞的军队虽处困境之中，仍纪律严明，与百姓秋毫无犯，十分感佩。于是，老汉为张飞献上一张秘方，即用生茶、生米、生姜作的三生汤——擂茶。这种三生汤集滋润肠胃、理脾解表、防病治病于一身，将士们喝下后，果然疾病全无，精神振作。因为这件事情，当地人即使在张飞队伍开拔之后，也保留了喝擂茶的习惯，并且延续至今。现在，只要人们走进土家族居住地，就会喝上一碗美美的擂茶——三生汤。

11. 文成公主与奶茶与酥油茶的传说

到过和未到过西藏的人们都知道，藏民们以喝酥油茶著称，一杯浓郁的酥油茶体现着藏族人民的生活习惯和民族风情。关于酥油茶有这样一个传说。

相传在我国唐朝时候，汉藏关系和好，边疆安定，这和当时的文成公主远嫁边疆、和亲西藏有很大关系。文成公主去藏时，唐代汉人的饮茶之风已十分兴盛，在文成公主丰富庞大的嫁妆里，有金银珠宝、绫罗绸缎无数，因为文成公主喜欢喝茶，她便随行带了许多各色名茶来到西藏。

文成公主刚刚入藏时，对这里寒冷的气候条件很不适应，尤其不适应藏族人以肉食为主、多吃腥膳的生活习惯。为此，她常常眉头紧锁，茶饭不思，对于多肉的饭食好长时间都不适应，牛羊奶的气味也使她很不习惯。后来，她想出一个办法，就是在早餐时，先喝半杯奶，然后再喝半杯茶，这样感觉会舒服一些。后来为了方便，就干脆将茶和奶放在一起来喝。久而久之便养成了一种习惯，在喝茶时加上一些奶和糖，这就是最初的奶茶。

文成公主的这种做法逐渐引起宫中群臣权贵的效仿，文成公主也常常以奶茶赏赐群臣，款待亲朋。从宫中到藏族居住区，人们很快地效仿起公主的这种做法来，饮茶之风一时盛行，人们甚至认为文成公主所以如此美丽也与饮茶有关。为了满足宫中及藏民们日益增多的茶的需求，公主还建议用种种西藏土特产如牛羊、毛皮、鹿茸等去内地换取茶叶。在长期的饮茶体验中，人们逐渐体会到饮茶的种种妙处，既可以醒脑提神，又能去除油腻，这对于以肉食为主食的藏民们尤为重要。同时，为了增加喝茶的品位和乐趣，聪明的公主还在煮茶时加入松子仁、酥油等，并根据人们的喜好加糖或盐巴，酥油茶于是而成。现在，这种喝酥油茶的风气已遍及藏族居住区，只要你来到西藏，在任何一个藏民家，都会看到一套专门的打酥油茶的长筒，都会见到一套精美的茶具。好客的主人会端上香喷喷的酥油茶及香脆的糌粑饼。也许在品尝酥油茶之余，还会听到人们满怀深情地讲起文成公主和酥油茶的故事呢。

后　记

　　最初写这本关于茶文化的小书时，是在 20 世纪末，在北方。转眼许多年过去了。这期间，从北国到南方，再次翻阅即将出版的书稿时，窗外已经是烟雨蒙蒙的江南的冬天。

　　我现在所在的学校中国计量学院，地处杭城。校园东临钱塘江，往西一直走，就是西湖。苏东坡的西湖，白居易的西湖，文人笔下的西湖，许多故事和传说中的西湖。闲暇的日子里，无数次地走到湖边，看"小荷才露尖尖角"，体会"留得残荷听雨声"。雷峰夕照，三潭印月，苏堤春晓，断桥残雪。不同的季节和天气，西湖都给人不同的感受。由西湖继续往里走，就是龙井村，就是狮峰山和胡公庙，就有传说中的十八棵御茶。两年之前，我甚至还到过长兴的大唐贡茶院。无论是面对着龙井村漫山遍野的茶树，还是贡茶院里陆羽的塑像，首先想到的，是当时写这本小书时的情景。

时光流转，地域变迁，同样变化着的是人的心境。从北国到南方，风景不同，习俗不同，对日常生活和自然万物的感觉也就不同。在辽阔的北方，春天时，常常想到的，是"春未老，风细柳斜斜，试上超然台上看，半壕春水一城花，烟雨暗千家"；是"且将新火试新茶，诗酒趁年华"。而在小桥流水的南方，想到的却是"小楼一夜听春雨，深巷明朝卖杏花"；是"江南好，风景旧曾谙，日出江花红胜火，春来江水绿如蓝，能不忆江南？"

走过的地方多了，感受最多的是不同地区不同风貌的民俗风情。慢慢地，就觉得，民俗文化的内涵其实就是渗透在日常生活中的点点滴滴里的。在琴棋书画诗酒花中，更在柴米油盐酱醋茶里。一方水土养一方人，自然山水的不同引发了人们不同的审美观照，也形成了不同环境中人们个性独具的生活习惯和风俗礼仪。而这一切，正是最丰富、最鲜活、最接地气的民俗文化内容。茶文化亦如是。

时隔许多年之后，再看这本《茶与文化》的小书，稚拙粗疏是难免的。但我还是要真诚感谢诸多的茶学专家学者，他们的研究和著述使我在写作过程中受益良多。感谢多年前在此书写作过程中给我提供实物资料、拍照图片的老同事老朋友。感谢山东教育出版社及李广军编辑为此书出版所作出的努力。

此刻，当我写下这段文字时，北方大抵已经是白雪皑皑。但在南方，这个季节的腊梅花正芽苞初绽。一想到再过一段时间，"梅英疏淡，冰澌溶泄，东风暗换年华"之后，西子湖畔的龙井茶就会有新芽吐绿，即使窗外雨雾蒙蒙，寒意犹浓，内心蕴蓄着的，却是暖暖的喜悦与感动。